老许谈家装

许 瑞★著

中国商业出版社

图书在版编目（CIP）数据

老许谈家装 / 许瑞著. -- 北京 : 中国商业出版社,
2020.1
ISBN 978-7-5208-1073-9

Ⅰ. ①老… Ⅱ. ①许… Ⅲ. ①住宅－室内装饰设计
Ⅳ. ①TU241

中国版本图书馆 CIP 数据核字(2019)第 284279 号

责任编辑：杜 辉

中国商业出版社出版发行
010-63180647 www.c-cbook.com
（100053 北京广安门内报国寺 1 号）
新华书店经销
三河市长城印刷有限公司印刷
*
710 毫米×1000 毫米 16 开 12.25 印张 165 千字
2020 年 1 月第 1 版 2020 年 1 月第 1 次印刷
定价：48.00 元
* * * *
（如有印装质量问题可更换）

自序

PREFACE

2015年6月13日，我早上跑步的时候，突然冒出一个想法，我要在自己创办的社群里，做一档内容，这个内容是我总结分享10多年来家装家居行业的实战经验，供行业伙伴参考。我把这种专业分享形式，叫“老许亲历实录”。

这种通过微信群，总群文字分享，分群直播转播，整理成文字笔录，变成公众号的玩法，至少在家装家居行业里，可能是我首创。就这样，一期又一期，坚持着，一直坚持到本书发稿时（2019年3月31日），我坚持写了375期!

一个人给另外一个人最大的礼物是时间。从2015年6月到2019年3月，长达45个月，我平均每隔3天左右，在办公室，在出差途中，在宾馆，在咖啡馆，风雨不辍，坚持了375期！这375期专业分享内容，是我过去10多年家居行业从业经历的沉淀，也是我20年职场经历、40多年人生的部分总结。

回顾过去375期的写作内容，涉及家装行业方方面面，包括行业发展大势，装企运营关键，各种套餐模式，材料商和装企如何合作，客户接待流程，如何提升转化率、客户满意度，人力资源建设，分配机制，如何招商，如何管理设计师，如何做年度规划，等等。

我多年前就有过写书的想法，但最终都没有完成。我实在没想到，人生第一本书，竟然是这样一本微信群在线分享笔录。

2019年3月，整整一个月的时间，我按照出版社的要求，修改完善过往375期分享内容。把文章结构重新调整，去掉一些网络语言，等等，过程很辛苦。希望这本有浓郁互联网风格、行业首创的微信群在线笔录，对大家的工作能有所参考和借鉴。关于我分享的话题，如果你有不同看法，欢迎加我其中一个微信号：13918266448，欢迎沟通。另外，欢迎加我常用的微信公众号：红树林商学院，微信号是hslsxy666。在这个公众号里，有我过往375期分享内容，欢迎关注，欢迎留言。

家装行业是一个相对封闭的行业，很多企业都闷头干活，不愿意过多和同行交流。要么是不好意思向别人学习，要么是怕别人偷学，这种现象在同一个城市里尤为严重。中国北派家装公司擅长营销与全国拓展，海派公司擅长精细化管理，南方企业擅长工程管控，如果他们彼此能取长补短，就可以做到互补，共同成长。

人类正走向互联网时代，互联网时代的特质是开放分享、共创共赢，这在很多行业里得到很好的印证。"人人平等，人人向人人学习，人人帮助人人"，这是我在开创"红树林平台社群"时倡导的社群理念。我之所以搭建这样一个家装行业交流分享平台，就是希望以一己之力，振臂一呼，唤起更多志同道合者，吸引更多家装精英，交流分享，共同创建一个行业红树林生态群落。

在此感谢行业领导、伙伴，各界朋友一直以来的支持！我会一如既往，更会加倍努力，为各位伙伴、为行业发展贡献力量！

理想，行动，坚持，超越！我们共勉！

许 瑞

目录
CONTENTS

一、行业观察

二、营销心得

三、设计管理

四、人力经营

五、客户服务

六、装企发展

七、生死思考

八、企业发展是硬道理

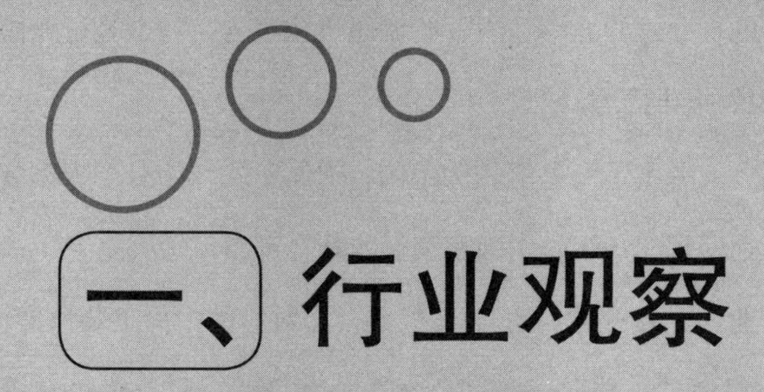

一、行业观察

中国家装行业扫描

中国目前没有权威、准确的家装行业数据，以下数据和说法只供参考，让大家对我们这个行业有个大概了解。另外，这些数据，我也不是完全没有根据，结合了我10多年的行业经验，参考了一些调研机构报告，特别是行业协会“十二五”“十三五”规划报告内容。

1994年，国务院颁发了商品房相关条例，中国正式开始有“家庭装修”这个概念，这样算下来，到2019年，中国家装行业算是有25年的历史了。

中国家装行业这个蛋糕大约有1.2万亿元，相对应的中国工装通常说法是2万多亿元。我一直对说“工装”还是“公装”耿耿于怀，行业里约定俗成说“工装”，但明明是用“公装”更为准确。

中国大大小小的家装公司有10多万家。这里是指在工商局有注册的公司，营业范围内有装修、装饰、装潢的都算，不包含“马路游击队”。

家装企业平均员工数量为15人，不包含不在编的施工工人。其实，中国有多少家装企业的施工工人是企业在编员工呢？中国家装行业施工工人走到产业工人，还要多少年？

中国家装企业的平均年产值大约是四五百万元。是的，中国太多的城市，太多的装企，一年产值就是几百万元，老板一年忙到头，赚几十万元，当然这个数字对普通城市里的普通百姓，年赚几十万元已经是很高的了，但是很多人看不到这些装企小老板，一年辛苦的付出，这是血汗钱啊！

中国目前有数据可查的最大家装企业——北京东易日盛装饰，根据上市财报，2018年年产值42亿元。广东艺邦集团，这个松散的集团公司由四家分集团公司组合而成，分别是星艺、三星、名匠和华浔，据说每个分集团公司，年产值也有二三十亿元，如果这个说法成立，广东艺邦集团可能是中国第一个年产值过100亿元的家装公司。

中国家装行业目前只有两家主板上市公司——东易日盛和名雕，现在有多家装企在上市路上。2019年估计很难能有主板上市的家装公司。2020年以后，可能还会有几家，如果证监会能通过放行的话。

行业最近几年平均增速为13%左右，大家算一下自己的企业是否跑赢了行业平均增速。其实，说句实话，这两年还谈什么增长啊，在互联网家装和套餐大店公司等的冲击下，能保持住就不错了。

中国家装企业主要有北派、南派、海派和区域霸主说法。北派目前代表企业有东易日盛、业之峰、龙发、尚层、今朝等，曾经同样辉煌的还有元洲、轻舟、阔达、博洛尼等，但最近几年成绩一般。北京亚光亚装饰于2019年初倒闭了。

南派代表企业除了上文提到的星艺、三星、名匠和华浔之外，最知名的企业还有名雕、居众以及近几年发展很快的靓家居等。海派代表企业有上海的聚通、星杰、申远，曾经相对辉煌的上海百姓、荣欣和浙江的九鼎、中冠等，但近几年业绩一般。浙江有几家装企近几年发展很好，包括圣都、铭品、中博和良工等。

其他区域霸主有哈尔滨的九维，长春的百合，沈阳的方林，济南的万泰，成都的岚庭、生活家，重庆的兄弟、天谷，苏州的红蚂蚁，南京的锦华，武汉的嘉禾、海天，长沙的点石，南昌的丛一楼，福州的有家，贵阳的喜百年，南宁的品匠，西安的紫苹果，发迹于昆明现在总部在上海的紫苹果等。在中国，年产值过5亿元的家装企业就算是大公司了，基本上能进百强。这样算下来，中国百强装企加起来年产值600亿元到700亿元，和行业万亿元规模相比，真的是大行业小企业。

中国当下互联网家装知名企业有北京爱空间、厦门美家帮、苏州金螳螂家和家装e站、上海齐家网等。其他的还有有住网、蘑菇加、积木家、过家家、塞纳春天、绿色家、蜂智网、松鼠家、新浪装修抢工长、新美大、积木易搭、七间宅等几百家。最近两年，全国冒出一些整装企业，出名的有天地和、美得你、沪佳、龙头和思达尔等。

全国性的大公司到了异地，经营能力一般会降低。很少有在北方业绩好的公司，到了南方业绩也不错。水土不服是主要原因，不了解当地客户需求，另外过分依赖城市总经理，也是原因之一。大约在2002年，北京十大装企开始全国扩张，多的曾经开过上百个城市，但今天，基本上全线退缩。

在一般城市创办一个家装公司，投资从10万~100万元花费不等，如果算上现在流行的大店体验馆模式，要达到数百万元、上千万元的投入，但是掏钱多的不见得能做好，同样，掏钱少的也不见得做不过掏钱多的。

中国大概90%的家装企业还是半包，不到9%的企业走到了全包，不到0.05%的企业真正走到了全案和整装。这里面的核心点是对主材和软装材料的供应链整合能力，以及对设计师和施工队伍的掌控能力。

中国90%以上的家装企业业绩主要靠人脉、门店自然客流、电销和展会，会做网销的企业不到3%，很多企业还不重视工地营销和回头客。时代在变化，行业在改变，很多装企就是不能拥抱变化，最终被时代淘汰。

中国90%以上的装企只要签施工合同，就不收设计费。设计师设计费每平方米超过50元的大概不到3%。顺便说一下，中国目前装企设计师有几十万人。

中国房地产行业整体在巨变，行业集中度越来越高，万科、恒大、碧桂园这样的大企业越来越多地推行精装修房。中国房地产行业正在从黄金时代过渡白银时代，而中国家装行业正在从白银时代往青铜时代过渡。

未来90后、00后的孩子们长大后，他的祖父辈、父辈会留下多套房子，这代人群和70后、80后有很多消费差异。二手房装修未来会成为趋势，加软装、加智能家居也会成为趋势。

当下中国装企环境还不是最残酷的，互联网家装公司、套餐公司，这些全国扩张公司对行业的影响还要几年，但毫无疑问，未来行业集中度会越来越高。今年不是最痛苦，明年也不很残酷，但是，会有很多装企看不到2年、3年后的太阳。

长三角家装商帮

我和同事开车路过衢州龙游高速服务区，在服务区宣传栏上，看到龙游商帮是中国明清时和徽商、晋商等齐名的十大商帮之一，这个知识点还真不知道。让我想不到的是，一个浙江山区的龙游县，竟然诞生了中国十大商帮之一。

看一下百度百科对商帮的解释：伴随几百年商品经济的发展，到明清时期商品行业繁杂和数量增多，商人队伍日渐壮大，竞争日益激烈……在那样的年代，商人利用他们天然的乡里、宗族关系联系起来，互相支持……规避内部恶性竞争，增强外部竞争力……商帮就在这一特定经济、社会背景下应运而生。其中比较著名的有十大商帮，具体为山西晋商、徽州（今安徽黄山地区）徽商、陕西秦商、福建闽商、广东粤商、江右（今江西）赣商、洞庭（今苏州市西南太湖中洞庭东山和西山）苏商、宁波商帮、龙游（今浙江中部）浙商、山东鲁商等。

由此，在车上，我和同事展开了关于中国家装行业商帮的讨论。由于我对于中国长三角之外的中国家装行业不是非常清楚，不敢乱说，本文讨论范围只限江浙沪皖所谓的长三角家装商帮。这可能是中国第一篇以这个角度分析家装商帮的文章。

先说上海家装行业。上海家装行业在2013年之前，有三大产值排名靠前的家装公司：荣欣、百姓和聚通。荣欣和百姓有集体属性，本质上算是上海企业，聚通老板徐国俭是地道的上海人。2013年后，上海产值排名靠前的家装公司是聚通、星杰和申远。星杰老板杨渊是泰州兴化人，申远的两个创始股东，王正军是兴化人，张兆平是盐城大丰人，泰州和盐城算是苏中。其他像欧雅、大晋、鼎象等企业老板都是兴化人。

上海家装行业产值做得比较大的企业，用数字比例更容易理解，60%的企业老板来自苏中泰州、南通和盐城等地，其中泰州兴化一个县又要占60%以上。上海另一个家装商帮来自安徽，其中60%以上来自安庆、六安等地，这里面60%以上又来自安庆桐城这个县，比如统帅、春亭和幸赢等装饰公司等。顺便说一下，沈阳产值排名前三的方林、林凤、晋级三家装饰公司老板，也是安庆人。

江苏产值做得比较大的企业有南京锦华装饰，两个当家人宋立宏和堂杰（两人是同学）来自南通海门，苏州红蚂蚁装饰董事长李荣来自盐城，苏州旭日装饰董事长孙有富也来自泰州兴化。

浙江家装行业产值排名靠前的企业中九鼎装饰周国宏、周国团兄弟是绍兴诸暨人，南鸿装饰董事长祝旭慷是杭州人，圣都装饰董事长颜伟阳是金华武义人，铭品装饰张一良是地道杭州人，中博装饰董事长凌春良是金华浦江人，良工装饰董事长宣红卫是江西上饶人，等等。浙江做装修的，如果硬要说哪个地方人多，金华和绍兴人多，这个好理解，这两个城市，历史上做建筑和手工业的人比较多。

安徽排名靠前的企业中，山水装饰董事长宋春红是安庆望江人，顺便说一下，中国产值排名靠前的高端装修公司，北京尚层装饰董事长林云松是安徽巢湖人。

长三角家装商帮说到这里，我们可以记住以下几个城市名字：江苏苏中的南通和盐城、浙江浙中的金华和绍兴、安徽安庆。

中国快递行业“三通一达”来自浙江桐庐，中国很多城市开出租车的司机来自河南南阳，我们在很多城市能看到山东高庄馒头，同样，中国南部城市有很多来自江西九江武宁县的装修公司，这是中国第一大装修商帮——武宁帮。武宁帮的崛起得益于余静赣先生，他于20世纪90年代初在广州扎根装修行业，带出了一大批武宁人做装修。

假如你是兴化人，假如你想做装修，那么你就很容易在上海扎根。因为，大量的施工队长和工人都是你的老乡。我们所说的装修商帮，其实更多的是指老板来自哪里，施工工人来自哪里。

设计师可能来自很多城市，可以不断招聘，但是，没有这些老乡施工工人，你就很难开装修公司。在上海做装修的兴化人，他们大多在浦东周浦、康桥两镇扎堆居住。到了晚上，你可以很容易在周浦各个小饭馆里找到他们，这是一个圈子。每天晚上的各个饭局，不断在传行业最近发生什么新闻，哪个公司结款比较爽快，哪个公司老板最近出了什么事情……如果你想调研上海的家装公司，你可以在这里找到不同版本的答案。

家装商帮未来会长期存在，成为影响行业进程的一股力量。这两日，我和一个南方大型装企高管沟通，当我询问他们全国拓展的情况时，他告诉我说，找工人难，成为影响他们全国扩张的一个最重要障碍。这个行业没有产业工人，很难带着老家施工队全国跑，施工工人只能在当地找，而想要进入当地施工队圈层，首先就面临如何和这些当地施工工长和谐共处的问题。

关于长三角家装商帮就分享到这里。我今年春节前受邀去武宁，参加各武宁装修公司年会。虽然这些武宁装修企业总部大多在广东，但他们的企业年会，每年都在武宁开。我会继续分享对武宁商帮的研究，另外，随着我对行业更深入的调研，不会太久，我会继续分享中国更多家装商帮发展史。

进军三四线城市

中国有294个地级市，除了一二线40多个城市外，大约有250个三四线城市。中国家装行业的企业，如果在三四线城市的年产值过1000万元，基本上可以进入该城市前10名，甚至前5名，在个别城市，那就是第一名了。

中国95%以上装企，目前还是以半包为主，按照半包均价5万元计算，1000万元产值对应的工地是200个。家装行业第一道年产值门槛是500万元，对应的工地是100个。中国90%以上的装企，可能公司成立了8年、10年，之所以始终过不了500万元这个坎儿，原因就是管不了100个以上的工地。

按照一个设计师一个月签单一个计算，除去1月、2月淡季，一年10个单。一个500万元年产值的装企，一年100个单，对应的设计师数量是10个，但中国90%以上的装企，设计师数量不超过10个。一个年产值1000万元的三四线城市装企，对应的设计师数量起码要15个以上，我三年多来调研类似这样的装企，平均设计师数量是二三十个。继续推导，30个设计师对应10多个市场部业务员，加上工程材料，加上行政财务等，一个三四线城市1000万元年产值的装企，平均人数是60个左右，人效不超过20万元。有一个有趣的现象是，一个年产值500万元的装企，平均人数不超过20个，人效是25万元以上。

对比这两个不同规模的装企人效，为什么产值小的人效反而还高？核心原因是，年产值500万元以下的装企，几乎没有市场部人员，来单基本上靠人脉和回头客。产值1000万元的装企，养了一些市场部人员，但没有发挥出市场部的价值，基本靠电销，同时电销人员流动性强，不好管理。

以上梳理内容对本文主题，即进军三四线城市有价值。我看过不少案例，一个装企请了一二线城市来的第三方活动公司，做了一场展会，签单几十个，产值马上就有大幅提升。第三方活动公司，在行业存在10年了，依然还有市场。我至少认识20个这样的第三方活动公司，虽然价格从最初的15万元一场逐渐降低，甚至降到一场3万元的都有，但它们依然活着，依然有很多装企在请。从某种角度来说，这是降维打击，知识与经验的转移。

我同样接触到不少案例，一个一二线城市来的职业经理人，被三四线城市老板请为合伙人，这样的职业经理人长项是营销，然后不到两年，就可以把这个装企产值从不到千万元拉升到几千万元。中国很多三四线城市装企，从企业运营角度讲，最大的短板就是营销。

中国三四线城市，很少有装企做到市场部业务员和设计师人员配比超过2：1的，而我频繁看到在中国一二线城市，一些规模化装企，他们这个数字配比高的达到3：1。简单地讲，如果你这个企业擅长营销，除了会电销，还会小区营销、网络营销、工地营销，会做活动，敢投广告，同时能招聘到50人甚至100人的业务团队，还能管好，那么，只靠人海战术，你在不到两年的时间，理论上存在把年产值拉升到2000万元、3000万元，甚至更高的可能性。再算一下这样的企业人效，50名业务员，25名设计师，加上其他人员算100名，3000万元年产值，人效是30万元。

我不是在做数学题，或者做理论推导，而是在过去我接触到的三四线城市装企中，看到的很多成功案例。我今天揭开三四线城市装企短板的盖子，结果是三四线城市装企老板会豁然开朗，而一二线城市装企老板会看到三四线城市的商机。

中国一二线城市规模化装企，在过去两年向全国其他区域一二线城市扩张中，成功的不多。接下来，一个明显的行业趋势是，2019年会有更多的一二线城市规模化装企，开始进军三四线城市，深耕本省区域市场。以前，到其他一二线城市，市场蛋糕大，但竞争也激烈，同时本土化、差异化一直是家装行业的痛。现在，改变战略方向，掉转枪口，进军三四线城市，成为2019年中国家装行业又一个热门话题。当一个装企在省城做到规模化后，就有了口碑效应，如果这个企业在省城做了不少广告，那么这些广告效应，就可以相对低价地传导到本省三四线城市。

我知道几个中国规模化装企，在过去几年，他们不进入一二线城市，只做三四线城市，一个城市投入两三百万元，营业面积一两千平方米，在三四线城市已经算是大店。如果这个城市能上量，就继续投入，不行就撤。有多个目前在中国家装行业还不知名的装企，他们悄悄地已经跨省布局30个到50个三四线城市，都是直营子公司。每个城市1000多万元产值，利润每年近100万元，当然有赔有赚，已经做到近20亿元年产值规模，每年稳赚1个多亿净利润。

一个装企，一旦企业人数过百，管理就是个难题。从营销上起量容易，但后端交付是重要的制约，如何在本地找到合适的施工队，如何适应当地流行的建材品牌，如何顺畅完成总仓分仓调拨……在三四线城市产值过了千万元后，企业如何运营管理，这上面其实还有一个天花板，本篇文章就不阐述了。

没有比较就没有伤害。我出差途中，经常听到三四线城市的装企老板向我诉说一堆企业做不大的理由，比如市场容量小，找不到人才，我们这个城市不适合做全包、整装，等等。因为我走访的城市比较多，我也经常看到，在中国一些三四线城市，年产值过5000万元，过亿元，甚至过2亿元、3亿元的企业都有。公司产值做不大，核心原因只有一个，就是老板能力不够。

中国装企城市攻防战

2017年11月7日，立冬，山东滕州，红树林平台举办第二届鲁班故里祭祖盛典。上午灵山祭祖，下午参观鲁班纪念馆和墨子纪念馆。墨子也是滕州人，在墨子纪念馆军事厅，有一个特别的内容，是讲墨子在守城方面的一些见解与实战案例。墨子的核心思想是兼爱、非攻，他反对主动侵略，但强化如何防守，许多守城方法让人拍案叫绝。刘德华主演的电影《墨攻》里，就有这样的桥段。

过去三年，我去了合肥、长沙、武汉、杭州、西安、郑州、福州、广州、昆明、成都、南京、济南、哈尔滨等全国22个省会城市和80个以上的其他城市。每到一个城市，我都和当地许多装企进行沟通交流，因此，对近几年变化转型中的中国家装行业有一定的认知。我可能是近三年走访中国家装企业最多的人之一。

2018年中国家装行业竞争最激烈的省会城市是合肥、武汉、福州、成都。为什么是合肥？这两年是中国家装行业第二次全国拓展热潮。第一次发生在2000年到2004年，到2008年衰败；第二次，从2015年开始，共有三种类型企业开始在全国拓展，一种是互联网家装，一种是整装企业，另一种是各省区域强势品牌。互联网家装企业的拓展与加盟，我就不评价了。心理上认为对各省会城市冲击最大的是类似生活家、一号家居网，特别是天地和这样的整装企业。但，还有更狠的，我认为，真正产生严重影响的是各省区域强势品牌，跨出自己的省，去其他省。

合肥，在过去很长一段时间，除了北京京派企业冲击又撤出之外，其他装企一直不温不火，山水、华然两家装企产值一直排在合肥家装行业前两名，多年都没有改变。历史上，来自成都的川豪在合肥站稳脚跟，算是谋了一个老三的位置，但没有根本动摇山水老大的位置。

进入2015年，互联网家装企业来了，整装企业来了，有一定影响，直到2017年下半年，浙江圣都、铭品、中博，这三个产值在浙江排在前三的装企，在山水装饰总店周边2千米内，扎堆开业，套路一样，都是整装大店。接着，还有更狠的，籍贯安庆的沈阳方林装饰老板王水林，第一次走出东北，首战合肥，同样在那儿扎堆。对于王水林来说，这是回乡荣誉之战，不能败。2017年、2018年的合肥装企攻防战刚刚拉开序幕，2019年将是一场大戏，一场好戏。

和合肥类似情况的省会城市还有福州和武汉。福州，有福之州，这句老话对于福建装企第一品牌、有家装饰的老板何烨来说，2017年和2018年都不太好过。

我刚才说的在合肥发生的事情，同样发生在福州。从2016年起，互联网家装企业、整装企业等多个全国知名品牌，相继来到福州，还好没有在有家装饰福州总店旁扎堆，而是各自在福州各区布局。同样，浙江排名前五的装企，中博、良工已经开业，来自中国西南部的德雕也已经在布局。

类似的事情还发生在武汉。与合肥、福州稍微有不同的是，中国最会做套餐，整装大店的川企扎堆到武汉，此外，武汉还要加上圣都、方林，这次他们都在武汉一个叫徐东的地方扎堆开店，面积基本上没有少于6000平方米的，同样是整装。我在2018年去武汉一家又一家的整装大店考察过，一边走一边感慨。特别要说明的是，2018年武汉来了一个狠角——长沙点石。

点石装饰深耕湖南近20年，外界传闻点石年产值从30亿元到40亿元不等。2018年3月，我在长沙见到点石装饰董事长袁朝辉先生，他对这个产值不置可否。这个湘企终于出湘，很容易想到，点石最适合去湖北武汉。两地文化相近，地理距离又这么短，点石当然会选武汉。大武汉保卫战将是一场血战。武汉本土企业，嘉禾老板钱俊雄加快推进超级家装一号。后来崛起的比如海天、江南美等都是秣马厉兵，我对海天装饰老板海军先生和江南美创始人王汉雄先生，表示关切。2018年，我和方林装饰董事长王水林先生在武汉万达威斯汀酒店见面，我问王总为什么选武汉，王总反复说的一句话是，武汉是大武汉啊。

东北不说了，东北三省有九维、百合、方林，没有多少企业打东北主意。湖南有点石，很少有企业会考虑过去。江苏有南京锦华、苏州红蚂蚁，除了上海和浙江装企热衷江苏外，其他外来大型装企不多。浙江全省精装房，只有浙企出来，没有多少企业愿意过去。

山东，是很奇怪的一个省。我曾经拜访了山东装修行业第一品牌万泰装饰，和万泰创始人之一柳方洲女士做了交流。柳总说，济南是一个要慢火炖的城市。石家庄、太原，我不熟悉，我只知道太原或者山西是目前还隐藏在水下的思达尔等整装企业的老家。西南，昆明很热闹，最近这两年最火的企业一个是生活家，一个是龙头，龙头这个整装企业从昆明发迹，紧跟天地和的步伐，正走向全国。南宁有品匠，近几年全国扩张的步伐很快。贵阳喜百年深耕贵州。成都，没有多少企业愿意去，那地方的本土装企，都很猛，天地和和龙头去了，都没啥声音。天地和做得最好的城市是重庆，三个大店，据说仅重庆一地，产值过10亿元。

西宁、呼和浩特不说了，规模化装企不多，另外城市容量小。目前盘点完，还没说到的是西安、郑州和南昌。南昌是武宁系的天下，大企业不多，排在首位的是丛一楼装饰，其他年产值几千万元的装企很多。江西装企，有一个特点，不管去哪里，都比较关注工程和交付。在中国这些省会城市中，最不热闹的就是西安、郑州了。我一直没看懂，为啥这些过江龙还没到西安和郑州，唯一的原因大概是时间还没到吧。

去北上广深，是要有两把刷子的，这几年唯一可圈可点的是北京尚层闯荡上海滩，站稳脚跟了。除了二线城市或者省会城市外，其实中国一些各省GDP排名靠前的强三线城市，也即将燃起战火。

2018年，中国规模化装企在外省拓展受阻，这和行业大势有关，和水土不服需要适应也有关联。2019年，中国装企城市攻防战不会像2018年那么激烈，但深耕本省的策略成为很多省会城市规模化装企的选择。因此，2019年，中国强三线城市的装企攻防将是主流。

装企做整装要迈过的三座大山

2017年，是中国家装行业整装元年。从这一年开始，中国有越来越多的家装企业试水整装。当中国97%以上的企业还在半包阶段的时候，有些企业已经迈过全包、全案两道坎，剑指整装。

鉴于中国家装行业没有统一说法，我先做一下名词解释。中国家装企业模式一共有以下这些：清包、半包、全包、全案、整装。这些模式用一个最简单的理解方式，虽然不全面，但是容易界定，就是按材料来区分。

清包是“马路游击队”玩法，装修业主购买所有的材料，包括辅材诸如黄沙、水泥都要买。半包，指装修公司包辅材，比如各种管线、胶水等。全包，指装修公司除了包辅材，还包瓷砖、木地板、洁具、吊顶等主材。全案，指装修公司除了包辅材、主材外，还包括软装的家具、灯、窗帘等。整装，装修公司除了包辅材、主材、软装外，还包括家电和其他家居用品。以上说法不全面不准确，但容易理解。

关于整装，行业又有不同叫法，比如全屋定制、豪装工厂店、全屋装、拎包装，等等。博洛尼喜欢把整装叫全屋定制，这样的说法还有实创的“完美家装”，业之峰的“全包圆”。成都生活家用“拎包装”这个说法。杭州铭品装饰用“全屋装”，还起了一个品牌名叫“25° 全屋装”，意思是人在25℃的环境里最舒适。

我常说的土狼型企业把整装叫豪装工厂店，代表企业有天地和和龙头等。如今，中国家装行业基本上没人叫互联网家装了，这个太LOW，再叫互联网家装都不好意思。现在大家喜欢叫整装，加入中国整装混战军团的，除了以上这些企业，还有乐豪斯、松鼠家、绿色家和塞纳春天等等。

去年上半年，我创办的红树林平台在一些城市开线下分享会，有装饰公司老板互相探讨，说我们这个城市装修业主没有做整装的习惯，都是自己买材料，整装没戏。一年了，现在这个说法很少再听到了，更多的半包装企表示忧虑，如果说互联网家装是“狼来了”，那么这次整装企业是“虎来了”。

互联网家装很多时候是个概念，这些互联网家装企业擅长炒作，擅长网络营销，经常听到的行业评价是互联网家装企业不擅长落地和交付，所以没有什么好怕的。但是，面对整装企业，这个说法就有点站不住脚了。整装企业最擅长的是整大店，材料整合，保留了炒作概念，还有，传统装企转型过来的都比较擅长交付。

整装企业为啥要开大店？不开大店，那些材料体验放哪里？所以，整装企业基本上都有大店，少则3000平方米，多则5万平方米。达到5万平方米的大店，基本上就是红星美凯龙的标准面积。顺便说一下，整装大店的崛起，意味着像红星、居然这样的材料卖场更快地走向衰败。

除了有材料体验区，整装企业为什么要开大店？第二个答案不是开个大店吓唬人，是为了引流。如今，随着国家对信息犯罪的打击，买个50条名单都能判刑，没法做电话营销了，那么装修公司从哪里找装修业主？一个是网络营销，另一个是开个大店，守株待兔。在一个城市，这么大店，过路的人一定会看到。

整装企业开大店的第三个理由是企业品牌形象。开这么大店的装修企业，一般比较靠谱，不会随便跑路。开这么大店的企业一般有实力，服务客户相应也比较好。装修这个行当，是低频高价。平常眼里根本没有装修公司，记不住一个品牌，等到需要装修了，谁先进入他的视线，装修业主就找谁。看见，是因为想看见。当天地和这种土狼型企业在全国许多城市狂轰滥炸广告的时候，中国装企老板突然恍然大悟，哦，广告在我们这个行业是有效的。

为什么整装会成为行业未来趋势？这和消费人群的观念发生变化有关。随着85后、90后进入买房大军，这些年轻人喜欢省事，在装修上操的心越少越好，有时间还不如打游戏、泡吧呢。中国家装行业喊了多年的“省时、省心、省力、省钱”，第一次在整装模式上真正落地。100平方米的房子，含26件家具，9套家电，才13.8万元，看起来多便宜啊。拎包入住，房子里啥都有，这个想法可以

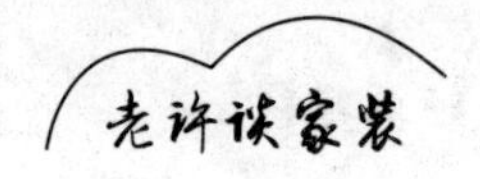

有了。

干整装容易吗？为什么中国90%的家装企业还是半包，他们不想变成全包企业吗？不想成为整装企业吗？想，但这里面有太多的门槛。如果一个家装企业控制不了设计师，管理不好项目经理，就很难做全包；如果一个企业供应链不完善，如果一个企业没有信息化支撑，也干不了整装。想要成为一个整装企业，面前三座大山需要翻越，第一是管理和信息化，第二是供应链，第三是人和钱。

请没有一定规模和没有下定决心的装企，谨慎考虑在近阶段贸然做整装，做之前思考一下我上面说的三座大山，你准备好了吗？如果硬要说一个能做整装的装企年产值数字，我会说：在一二线城市至少要做到年产值5000万元，在三四线城市要做到1000万元、2000万元以上。这个数字只供参考。

做整装要迈过的第一座大山是管理和信息化。中国装企中，有OA、CRM、ERP、SCM这些管理软件的企业真的不多，这和行业发展有关。由于家装行业的非标和服务两大特征标签，造就这个行业管理难度很大，市场化程度不高。先进的管理理念、管理软件、管理人才进入这个行业比较少，因此以标准流程为基础的管理软件在家装行业运用得较少。顺便普及一下，OA叫办公管理软件，现在流行叫协同办公；CRM是客户关系管理系统软件；ERP说法不一，主流说法是以财务为核心的资源管理系统软件；SCM是供应链管理软件。

之所以把信息化放在三座大山的第一个，是因为很多想做整装的装企老板还没有这个意识，这反而是最难的。家装企业管理链条特别长，又属于服务行业，流程梳理和节点把控，成为这个行业信息化过程中比较难的地方。一般一个企业上类似ERP这样的软件之前，都会考虑做流程再造，现实情况是，懂ERP的人不懂家装，懂家装的人不懂ERP。我在过往装企实战经历中，接触过一些管理软件公司，说出你的需求，我会给你合适的推荐。不要贸然自己开发这些软件，找专业公司解决，这是解决第一座大山最好的对策。

当一个半包装企开始加主材，加软装，加家电家居用品，每加一类产品，这个管理难度就呈现一次几何级上涨。从业务到设计再到材料最后到施工，因为加了这么多产品，工作节点和考核就会产生很多对“多对多”现象，至少四个领域的工作叠加，单纯靠人手，靠Excel表格，是很难管理好的。综上所述，要成为一个好的整装企业，首先要做管理流程梳理上相应的管理软件。

第二座大山是供应链。这个难度体现在两个方面，一个是供应链产品，另一个是懂供应链的人。家庭装修对应的产品很多，主材五大类或者七大类或者含定制设备等九大类，软装五大类或者七大类或者十一大类，大家电、小家电、厨电等，如果把家居用品也算上，这个产品大类将达到几十种以上；如果每一类还有好几个品牌供应商，将达到几百种以上；如果算上各种规格，将达到几千种几万种以上单项产品，俗称“SKU”。这对装企来说相对应的工作难度是，每一类每一个品牌都要沟通合作招商，招商结束后，还要包括后端入库、出库、仓储、物流、安装维修、服务等一系列的管理动作。这个谈判难度、谈判周期，投入的人力和时间都是巨大的。

为什么中国绝大部分装企还停留在半包阶段？现在半包基本透明，利润很薄，大家都想做全包整装。之所以不能做的另一个主要原因是，对供应商、设计师、施工队掌控不够。供应商对半包装企说，你的采购量达不到一定标准，我凭啥和你合作，凭啥给你好价钱。设计师对你说，我在外面供应商那里拿某某产品扣点是15个点，你这里才3个点、5个点，我干吗犯傻把材料放在公司做。施工队对你说，就你那点毛利，我不搞点增项，不推荐点材料，我喝西北风啊？

面对供应链大山，装企相应的对策是，提高产值，加大文化，提高提成比例等。产品和物流这一关，没有什么好办法，如果想要利润空间，只能是自己一家一家谈。如果想快速满足供应链需求，比较好的办法是和供应链平台合作，比如华耐这样的全国性有影响力的供应商。面对人的问题，提高产值，就可以摊销成本；加大文化，就可以让企业人员暂时忍耐，不看扣点看最终收入。

装企做整装要迈过的第三座大山是人和钱。就像上面说的两座大山，要上信息化，就要找相应的信息化人才，做企业管理和流程梳理，需要和软件公司对接的专业人才。要上供应链，就要找到懂产品、懂仓储物流、懂和供应链企业沟通的专业人才。除此之外，要有全盘思维的高阶管理人才，因为做整装的难度比做半包和全包要难很多，对高管要求也高。

做整装，前期投入比较多，准备时间也比较长，要找高薪人才，要准备仓储物流，要准备更多人手，等等，这些都和钱有直接关系。没有一定的资金实力，没有足够的忍耐期，整装出不来。所以，要上整装，就要打有准备之仗，打持久战。

家装后市场操作难点与关键点

随着中国许多城市精装房交付越来越多，传统毛坯新房装修的蛋糕越来越小，家装企业面临一个未来如何发展的巨大转型问题。可选的道路有：一是转型做高端，做别墅房精装的比较少；二是转型做精装房的软装；三是和房地产开发商合作做精装；四是做家装后市场。

什么是家装后市场？行业叫法很多，比如旧房改造、换新、焕新、翻新、微改造、局部装修和局装等等。家装后市场和传统装修的主要区别是，传统装修是装修整个毛坯房，家装后市场是装修局部，比如卫生间重新装修，或者换墙纸、重新刷涂料，甚至包括装晒衣架、换水龙头等小活。家装后市场主要有两个业务板块，一个是维修，另一个是翻新。

家装后市场不是个新鲜东西，现在，很多城市小区里，还能看到有人骑着三轮车到处转悠，帮你刷墙，帮你通下水道，帮你做防水。早年很多工厂有基建科，专门负责本厂的一些建筑工程。他们所做的，就包含今天所讲的家装后市场。后来，这部分工作被商品房小区的物业干了，并成为小区物业重要的工作内容和收入来源。

大约5年前，中国开始有属于家装后市场的新一代公司，这些公司最初是做维修和安装，后来以天猫为据点，开始布局中国，代表品牌是神工007。许多消费者在天猫等网上商城购买建材产品，面临一个难题，就是如何安装。比如买了晒衣架，自已没有电锤这样的工具，另外也不会安装，由此像晒衣架这样的厂家就要在各个城市寻找安装师傅。这些安装师傅后来开始公司化，这样的安装公司不仅承接安装，后来逐步演变到承接维修，家里什么东西坏了帮你维修，再到后来，演变成翻新。

多乐士本来是一个涂料公司，大部分消费者买多乐士是刷新房子的，随着中国20世纪90年代商品房逐步老化，慢慢演变出，老房子墙旧了，要刷新。以多乐士为代表的这些油漆涂料公司，由此延展出一个新增业务，这个事情变得规模化发生在四五年前。

从在各小区转悠的三轮车，到电商兴起产生的安装需求，再到多乐士这样的业务延展，中国家装后市场业务逐渐形成，这是家装后市场的前世。大概在两年前，不知道是哪位大咖说旧房改造、换新、老房翻新、微改造、局部装修和局装这些词都不准确，模仿汽车后市场的说法，说叫家装后市场吧，从此这个概念一统江湖。

传统装企进入家装后市场领域，不是只发生在四五年前，十几年前就有，出名的公司有北京今朝和上海的佳园，之前不温不火地做着。最近几年，因为基础扎实，准备较早，赶上好时候，狂飙突起。我知道，现在中国很多知名装企，其实都在布局家装后市场。面对精装房新政，这些大型知名装企，首先吃着碗里的，比如当下传统家装；其次看着锅里的，比如整装；最后还种着田里的，比如家装后市场，比如精装软装。

中国家装后市场的今生：一部分企业秣马厉兵，闷头攻克难关，闷声大发财，这一类型属于先知先觉者；一部分企业在观望，在思考要不要做，在布局，这一类型属于后知后觉者；还有一部分企业是没听过或者不了解家装后市场，这一类型属于不知不觉者。

据说，北京今朝装饰2018年年产值已经过15亿元，我不知道今朝装饰里，传统家装和家装后市场产值占比分别是多少，但今朝装饰可能是中国家装后市场中产值最大的公司。神工007，2014年，同样也在北京成立，神工007是天猫平台全国最大的建材落地安装服务商，有阿里投资背景。上海佳园家翻新，同样也是运作老房翻新10多年的企业，可能是中国家装后市场中产值排第二的企业，因此行业有这样的说法：北有北京今朝，南有上海佳园。

中国家装后市场的蛋糕有多大，版本不一，保守估计，家装后市场容量是传统家装的10倍以上，如果说传统家装有1万亿产值，那么家装后市场至少有10万亿!

家装后市场操作手法和传统家装有本质的区别，用传统玩法很难适应。原因是，旧房改造或局部翻新，原有空间内还有很多家具等物品，另外，活小且零碎，不像传统装修，水木泥瓦油工种齐全，流程清晰。这两项就制约了很多传统家装公司转型，这是实际运作家装后市场最难的地方。简单归纳一下家装后市场的操作难点，一是单价低，二是活琐碎，三是工期短，四是工人难找，五是单子不知道从哪里来。

针对以上家装后市场的五个实际操作难点，我分别给出相应的对策。

单价低，不是个问题，不能指望一个翻新或者维修的单价，赶上一个毛坯新房装修的价格。破解单价低，一是心态要好，我就是来做小活的，改变做传统家装的思维；二是单价低不代表总产值低，不代表利润低，家装后市场相对于传统家装，蛋糕更大，利润更高。所以面对单价低的对策很简单，就是改变心态。

家装后市场活琐碎，是事实。活琐碎背后的实质是，我只做一个厨房翻新，水木泥瓦油一个工种都不少，但活太琐碎，每个工种只干一点活就撤，这个成本高，干活工人难找。对策是保证足够多的订单，然后提高管理能力，让各工种合理安排时间，每个活干的时间短，但天天有活干，这背后依靠的是流程管理和信息化管理。

工期短是事实。因为是老房翻新，可能业主还住在家里，就算是施工期间住在其他地方，比如宾馆酒店，他也希望这个活快点干完。对策是在一个城市划分网格，每个网格里各工种齐全，这个网格里有活干，马上就能派相应的团队，既节省时间，又提高效率、缩短工期。这种网格化管理，像滴滴代驾、美团送快餐的管理方式。

工人难找是实际情况，对策：一是加强工人培训招募，自己解决工人问题；二是说服传统装修工人转行做家装后市场。这个过程，有点像过去的快递行业，最初也很难找快递小哥，当业务量起来了，培训到位了，人员自然就充足了。不是人难找，核心是给的钱够不够多。

单子不知道从哪里来。这个难度其实和现在家装公司面临的一样，当不能电话营销后，传统家装公司也不知道应从哪里来单。对策：一是做网销，网上有大把的家装后市场单子，通过网销来的信息，60%以上是老房翻新与维修；二是做小区，就像那些骑着三轮车到处转悠的房屋补漏一样，在一些大型老小区门口，蹲点或者流动，或者直接在这样的小区门口开个小门店；三是和物业、房产中介合作，他们手中有大把的二手房改造信息。

做家装后市场的关键点，一是节点管控与标准化，二是信息化管理，三是钱和人。某家装后市场公司，把一个卫生间改造拆成了89个施工节点，全部在ERP平台上实现管理，在保障交付时间的同时，也可以保证质量。这里面既需要标准化的产品，又需要满足不同个性化的需求。

我对中国一些家装后市场公司的研究，发现这类公司从诞生起，就有高要求、严标准，他们很清楚将面对什么样的客户和什么样的客户需求。从某种意义上说，家装后市场和传统家装相比，既有少部分关联，又有更大的挑战。家装后市场公司在管理上，更加重视节点流程和标准化，因此大部分公司都上了ERP系统软件。

对于家装后市场公司的要求是：更加注重产品和业务套餐，只有这样才能提高效率，满足不同客户需求。更加注重施工工人管理，当原有施工流程被打破以后，对施工工人的管理要求就更高。更加注重交工期，每个住在老房子里的人，都希望早点完工，日常生活早日恢复，因此施工周期的长短成为这类公司的争夺焦点。

对于传统家装公司，我有两个角度的忠告。第一，早日研究并布局家装后市场；第二，不要用传统家装思维去运作家装后市场公司。比较务实和稳妥的做法是，成立专门的后市场事业部或者公司，从原有人员抽调适合人选，这类人不是墨守成规那种，要按照新的公司架构去思考和规划业务如何开展的问题。

家装后市场虽然刚刚兴起，但已经呈现蓬勃发展态势，这个领域的战斗绝不逊色于互联网家装和整装，这必将成为资本方关注的重点，要不了几年，就会出现百亿级别的公司。打造成熟商业模式和成型产品，借助资本力量快速在全国布局，这是一场好戏，也是一场大戏。中国家装后市场一定会越来越好。

中国家装行业2018年总结

2018年3月27日，我在苹果装饰长沙集团总部，苹果二当家张福军请我喝茶。我和张总相互交换了书籍，我对苹果装饰的企业内刊尤其称赞，一下子要了

10本装在包里。适值3月，春暖花开，那一天下午风和日丽，张总的办公室里阳光明媚，茶也不错。我第一次从苹果装饰的核心高管嘴里听到，苹果及旗下近20个品牌，2017年年产值61亿元。没想到，几天后，苹果装饰武汉事件爆发，多米诺骨牌开始倒塌，苹果装饰旗下300多家子公司接连“暴雷”。

苹果装饰武汉事件，是2018年中国家装行业最大的事件。在这之后数月里，一号家居网、我爱我家及美得你等全国连锁知名企业相继出事，至于像天地和这类企业，比如天蒂家、思达尔、千百炼等，生意越来越差，慢慢淡出了行业视线。12月底，苏州老牌装企旭日装饰倒闭，标志着中国传统大型装企倒闭潮开始。

家装行业有其自身发展规律，单纯靠营销、打广告，后端交付弱的企业，虽然起来很快，但衰落也快。2016年、2017年，天地和这类企业席卷全国，对各地装企产生重创，那时行业议论纷纷，如今，行业从业者都明白了，家装行业核心还是交付品质与客户口碑。这一课上得非常好，经过这一轮折腾，行业再次回归本质，标志着中国家装行业进入下半场。

2018年是中国家装行业发展20多年来的拐点，这一年，行业大事件层出不穷。精装政策正在从沿海走向全国（已有19个省出台精装房政策），国家相关部门打击电话营销越来越严厉，几乎所有的规模化装企都在喊缺单。传统的营销打法在2018年显得苍白无力，于是大量装企一窝蜂似的涌向小区，沉寂多年的小区营销又被行业拾起。

规模化装企在2019年还在快速增长的寥寥无几，行业普遍声音是能保证业绩不下滑的就不错了。2017年下半年到2018年上半年，中国一些区域领军企业开始新一轮省外扩张，包括九维（大树、鸣雀）、方林、一品、申远、圣都、中博、铭品、良工、点石、有家等。武汉、成都、合肥、福州依旧是中国家装市场竞争最激烈的城市，在这场城市攻防战中，2018年本土品牌安徽山水装饰，福建有家装饰阻击成功。至2018年下半年，行业不再有大面积区域拓展企业，中国家装行业第三次全国拓展热潮，从2017年刮起到2018年结束。今后两三年内，第四次全国拓展热潮大概率不会出现。

中国家装行业除了杭州美窝拿到7000万元融资外，再也没有第二个。放眼泛家居行业，智能家居深受资本方青睐，融资事件25起，包括供应链、家装后市场、VR、定制家居、装配式等融资事件不完全统计有22起。互联网家装2018年彻底退潮，智能家居大火，家装后市场、供应链、装配式刚刚抬头。两家上市家装公司东易日盛和名雕，令人意外的是，没有发生什么大的并购事件。2018年，没有家装公司上市，按照目前进度，2019年估计也没有。顺便说一句，2018年初在美国上市的盛世乐居，7月份因为兄弟P2P公司乐居财富拖累，老板跑路了。

很久以来，在区域市场深耕，行业知名度不高的传统大型装企，2018年在中国各大行业论坛上开始亮相，我算是幕后推手。这时家装从业者突然发现，中国有这么多年产值过10亿元的装企。不出意外，这些崭露头角的区域大型装企，2019年将不再扩张，继续深耕本省市场。在行业2018年年底一片止损声音中，这些区域豪强毫不手软地在关不盈利的店铺。

武宁系艺邦创始人余静赣先生，不辞辛劳奔走世界各地，积极推广培训教育事业，2018年旗下四大集团公司上市受阻，转型整装不畅。武宁系第二代企业，2018年也表现一般。东易日盛是行业罕见的规模化公司中还在高速发展的装企。东易日盛2018年的财报显示是42亿元，注意这不是签单产值，是上市公司完工百分比算法。按照2018年10月上市公司数据披露，至2018年Q3结束，东易日盛手握40多亿签单。我预测，2020年2月东易日盛财报，显示其2019年产值接近或者超过50亿元是大概率事件。以圣都为首令行业瞩目的浙江军团，近几年高速发展，凶猛外拓，至2018年下半年增速放缓，是需要盘整一下了。

金螳螂2018年Q3财报，没有具体披露金螳螂家到底占比多少产值，只是说有很大贡献。几个著名的互联网家装品牌，我知道的是，除了西安积木家发展良好外，其他的都一般，基本都转型以供应链为主，这里包括美家帮的中装速配、家装e站的云家通等。

与工装公司创办的家装公司发展一般相比，定制家居企业创办的定制整装公司来势汹汹，2019年会有更好的表现，我尤其看好尚品宅配的未来发展。万链、住范儿等新模式装企，2017年起势很好，却于2018年沉寂，唯独艾佳生活继续融资，继续高调。

套餐整装大店慢慢地不灵了，现在在行业里讲699、777套餐的都不好意思再说了。整装从2017年刮起，2018年号称整装元年，但掉坑里的越来越多，好多已经爬不出来了。整装是行业趋势，同时也有巨高的门槛限制。

高端家装公司如尚层、星杰，2018年基本都没有再扩张，上海申远却突然发力，布局北京、成都和深圳，甚至在年底喊出3年100亿元的目标口号，有点让业内人士看不懂。还有昙花一现的北京高度国际，2018年逐渐步入下行通道。低端定位的装企，从2018年开始出现大规模“死亡”现象，据我估计，2018年中国可能倒闭了2万家以上的装修公司。

从B2B精工装到B2B2C定制精装，抢先进入这个领域的工装公司尝到了不少第一拨儿的甜头，用广东话讲，就是喝到了“头啖汤”，这里面包括金螳螂、广田、全筑等。B2B2C定制精装，这一新的商业模式，因为不垫资，深受中大型装企的欢迎，相信在2019年入局的企业会越来越多。2018年，关于装配式对行业会产生巨大冲击的论调，甚嚣尘上，我认为至少2019年还不会这么快，也许2020年对家装行业将是重创。

软装在2018年继续不温不火，家具等软装供应链一直是困扰软装发展的历史难题。2018年下半年家装后市场没火起来，除了领跑的北京今朝、上海佳园老牌企业。神工007拿了阿里的钱，一时风光无限，这家企业2019年有看头。想说的还有很多，2018年行业重点事项就汇报到这里截止吧。

中国家装行业2019年展望

2019年，中国家装行业正式进入下半场，这是一个行业洗牌年，全国范围内，继2018年“死亡”2万家装企后，2019年大概还会有2万家装企关停并转，这不是危言耸听。主要原因：一是房地产大势不好，二是精装房越来越多，三是国家打击电话营销，四是行业集中度越来越高，五是跨行打劫的越来越多，六是装企跟不上时代的发展。

中国房地产行业正在由黄金时代向白银时代过渡，2018年很多城市新房甚至二手房交易继续量价齐跌。2018年底的时候，国家房地产政策正在从年初求稳到年底悄然放开限购。中国已经有19个省陆续出台精装房政策，最后一个出台的陕西是西安，从2019年1月1日开始执行。

没房装修了，将严重影响下游装企发展。不用大胆预测，既然2018年行业部分先知先觉者将转型家装后市场，那么2019年会呈现扎堆现象。从2015年开始的家装后市场红利，只用了三年不到的时间，红利就变成了红海。毛利率高达50%以上的家装后市场，将开始出现价格战，利润空间则会不断减少。家装后市场和传统毛坯硬装看起来是一个行业的业务延展，但本质有很大的区别。

说了好几年的软装，2019年还不会有太大起色，一是市场教育还需要时间，更关键的是，中国软装产品供应链，尤其是家具供应链的问题始终没有被根本解决。家具企业供应链最后一公里的服务，严重制约了软装企业发展，同时也制约了更多装企从半包或者全包转型到整装。精装软装虽然在2019年会有增长，但增幅速度不容乐观。纯粹的B2C软装，2019年会出现产值过3亿元、5亿元的公司，要特别感谢那些先行的软装供应链公司。我不确定诸如上海手取、广东欧工、广东OK屋这样软装供应链公司，2019年表现会有多好，但毫无疑问他们将迎来一个行业的春天。

说完软装供应链，接着说主材辅材供应链。一个叫银河系创投的公司，2018年投了好几家主材软装供应链公司，包括中装速配和欧工等。2017年起，行业出现一堆供应链公司，北有华耐，南有东箭，还包括放芯装、云家通、安乐窝、装象、云米仓、斑马仓等，其中成都生活家、PINGO国际这些传统装企也涉足其中，房产、建材、定制类企业入场也在分一杯羹。

辅材供应链公司在全国各地跑马圈地，部分受到资本方青睐。装企因为半包透明，正在从材料上寻找新的利润空间，行业大势往整装方向转型。2019年，会听到更多的供应链公司拿到融资，2019年对供应链公司一片看好。但，想要杀出重围，成为行业霸主，至少在2019年还未见分晓，2021年，中国可能会出现巨无霸级供应链公司。

B2B2C定制精装市场，过去几年，各家的表现一般。初期是房企和工装企业在玩，现在随着区域房产企业要活下去，中国会有越来越多的中大型装企入局。中装协住装产业分会把推广定制精装项目列为2019年工作重点，我在其中也会协助发力。装配式本文就不展开讲了，2019年磨合期过后，定制精装和装配式对家装行业产生的影响将超过互联网家装和整装。智能家居在2018年发生了25起融资事件，2019年智能家居将会在10年潜心耕耘后正式登上家装行业舞台。

2019年，全球互联网方向都在从2C转型到2B，就是所谓的产业赋能。随着2018年底李彦宏在公开场合的发言，以及百度组织架构大幅调整，中国BAT（百度、阿里巴巴、腾讯）全都在2018年转型2B。中国家装行业正在走向下半场，下半场的标志是提高企业效能。以三维家、酷家乐、打扮家、斑筑BIM、全新家BIM为代表的行业第三方企业，以齐家网、土巴兔为代表的平台企业，还有我在

2018年创办的红树林平台，都在共同培育家装行业从业者，关注效能。东易日盛董事长陈辉先生在2018年的各种大会小会上，反复讲的一句话是：数字化是中国家装企业未来唯一出路。我会在今后撰写的文章里，反复宣导产业赋能，这里说两个关键数字：未来中国家装行业王者，人效高于150万元，坪效高于15万元。

2014年东易日盛上市，2016年名雕上市，这两家上市装企，在2018年都没有大的并购事件，我相信东易日盛和名雕在2019年一定会有些动作，该收购并购一些装企了，2019年行业转型，这时好谈价格，大家心态都会比较好。2018年许多完成五大重组的装企还在准备，2019年中国有3家到5家装企，可以向证监会报过会材料了，到2020年加起来可能会超过10家。目前我掌握的信息是，2019年不会有家装企业主板上市，但2020年就不好说了，可能这个行业会出现第三家上市企业。

对于中国知名装企在2019年的表现，我也预测一下。2019年，东易日盛可能接近或超过50亿元年产值。业之峰2018年逆市上扬，2019年发力网销，期待业之峰接下来的表现。龙发内部创业平台模式，2019年将见分晓。轻舟发力装配式和定制精装，祝愿其发展顺畅。走上快速发展轨道的今朝装饰，2019年会加速在全国二线城市家装后市场的布局。2018年在全国开疆拓土的浙江圣都、铭品、中博，长沙点石，沈阳方林，福州有家，成都岚庭，广东的靓家居、居众等，会停止外拓步伐，内部盘整，深耕区域市场。

高端定位的尚层、星杰不会有大的动作，行业关注的焦点是申远这一轮全国布局，这种异于常规的战略扩张，不管结局如何，对行业来说有种符号上的意义。2019年，对这些传统知名装企，只有两个关键词：盘整和震荡，都在熬行业最难的一段日子。不出所料的话，2019年会有一些知名传统大型装企传来负面消息，甚至倒闭，我就不点名了。

天地和这类土狼型整装企业，在2019年将彻底淡出行业视野。纯粹靠打广告营销的套餐整装大店公司将出现倒闭风潮。跨行打劫进入家装行业的越来越多，八仙过海，精彩纷呈，但2019年不会出现行业翘楚，2020年可能会有。

2019年装企PK，营销层面PK是网销能力，关键是供应链整合，核心还是交付、品质与客户口碑。时间穿越到未来，再来回首2019年中国家装行业，就明白这是洗牌年，行业转型年，有真正核心竞争力、能与时俱进的企业，最终会活下来，迎来行业下一轮春天。

三年半以来，我走了很多城市，去了很多装企。我过往经历的特殊性，让我可能成为中国家装行业里接触信息比较多的一个人。在进入家装行业前，我从事管理咨询工作，因为工作原因，深度接触了20多个行业，看到了一些其他行业的兴衰。

万事万物都有规律，家装行业也是如此。2015年甚至说在2018年以前，家装行业的发展轨迹清晰，但，包括我在内的家装行业从业者，可能在当下都很难看到未来三年后的行业发展规律，核心原因是中国家装行业正处在一个大变革的初期。

过去三年的每年年底，我写文章预测来年行业发展时，相对轻松，今年不是。过往我的文字，可以说都是1.0版本的认知，或者最多是1.1版本的认知。接下来，我说一些2.0版本认知的内容。

我试图站在一个更高的维度，从更远的未来，看中国家装行业2019年可能会发生什么。理性层面的我不想多说，只想加一个认为最重要的认知，家装企业也是企业，一个企业运营需要的，目前装企欠缺的，在未来几年都会补上，比如当下行业里很少有人认知到的数字化重要性，我现在肯定地认为，未来中国家装行业王者背后的利器就是数字化。

除此之外是什么？万物都有裂痕，那是光照进来的地方。我认为，家装行业是一个民生行业，在衣食行层面过往几年、几十年被现代科技和运营管理一个一个攻克的时候，关于住的层面，还要经历一场大的变革。

我是一个坚定的科技派，相信高科技会对家装行业带来摧枯拉朽般的颠覆。

在科技派之上，我更加相信人，特别是人的信仰重要性，这两者不矛盾。我相信《未来简史》和《人类简史》这两本书里哲学层面的思考，我认为这些是可能影响人类未来发展的基本教义。未来不到1%的“神人”将改变世界，原文如此，我把它翻译成更容易理解的“行业英雄”。

未来真正影响中国家装行业的英雄，他们可能具备这样的素质：他们有坚定的信仰，发自内心地想改变和影响行业发展；他们目光远大，不拘泥于当下这几年的得失；他们的企业运营卓越，是行业楷模；他们在这个行业浸淫多年，熟悉所有流程，同时又拥抱新科技；他们不计较个人荣辱，肩负使命，深信文化的力量，等等。

当下，中国家装行业里这样的英雄已有雏形，未来几年他们将高速成长，并越来越多地影响行业发展，甚至成为国之重器与脊梁，我呼唤中国家装行业的“任正非”。未来，我还将以行业第三方身份，持续地观察与思考，积极发挥影响力，与这些“行业英雄”一起努力！

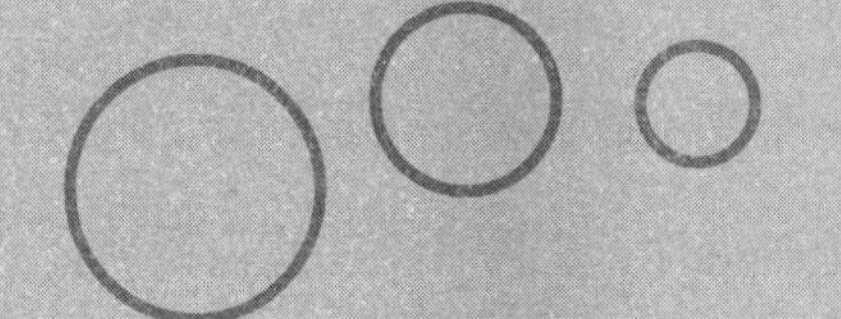

二、营销心得

如何开好展会

没有深入调研三四线城市中小装企前，我曾经想当然地认为，展会营销应该是每个装企必备的常用营销手段，事实却不是这样的。太多的中小装企目前来单方式常见的只有两种：门店和熟人介绍。

为什么不做展会？两个原因，一个是不敢，另一个是不会，这两个理由都可以让很多成立多年的装企理直气壮地告诉你，它为什么一直没做展会。不敢的背后原因是不会，会了，做过了，就敢了。

我把展会分成三种类型，小展、中展和大展。小展就是在自己门店，在咖啡馆，在茶楼，在售楼处举办的，来访人数不超过30组的活动；中展就是一般在星级酒店举办的，来访人数在30组到100组的活动；大展就是在星级酒店或者大型场馆举办，来访人数超过100组的活动。中展和大展就不说了，本文只谈如何做小展。

要在展会前开定向会，这个很重要！明确签单目标，明确责任人，明确流程，明确表格如何传递！特别是，重申签单优惠政策，让每个参展人员都清楚。明确几个关键岗位的责任人，比如接待负责人、派单负责人，特别是控场人员。许多企业做展会，现场没有控场人员，不知道如何发挥控场人员的作用！控场人员将现场决定制度与流程、目标与政策。制度管人，流程管事，目标统一方向，政策灵活调整。这个大事，需要控场人员做决定！

接待岗位的关键是明确来单渠道，电销、网销还是其他上门等，今后算业绩方便。一般企业接待员只做一个表格，做登记用，成熟的企业，会有多个表格，会有专人迅速统计，来自什么楼盘，什么户型，哪个业务员来单，派单给哪个设计师，签单情况怎么样，现场分析。这是提升签单的一个重要秘诀。

关于派单。派单人员不宜多，一定是对现场设计师熟悉的人员，一定是对当下到场楼盘熟悉的人员。派单不是简单地把单子给现场空闲的设计师，而是考虑多个因素。这个客户适合什么设计师，这个楼盘户型谁做过，现场今天哪个设计师签单欲望强、状态好。适当让客户等一下合适的设计师，都是有必要考虑的。

关于设计师。设计师可以简单分为两类，适合展会的和不适合展会的。什么是适合展会的设计师？有亲和力，可以快速破冰，迅速找到客户需求，知道客户痛点和痒点，手中资料齐全，准备充分，让客户放心。每个企业都有展会型设计师，平常要多观察，心中有数。

关于现场氛围营造。请再小的公司，办再小的展会，都应舍得花点钱做氛围营造。门口拱门、喷绘、现场设计师易拉宝、公司介绍桁架，特别是促销政策易拉宝。这个花不了多少钱，现场签一两个单就回来了。展会实际上是在营造签单氛围，客户对公司、对设计师越了解，越容易成交。氛围营造，也会让现场红火，人气旺。

关于礼品。办再小的展会，都应安排到场礼、签单礼。一瓶红酒，淘宝20元就能买到；一条毛巾，几元钱就能批发到。礼轻情意重，客户感受好。把准备的所有礼品堆在一起，多准备一些，这也是营造氛围。预算高的，准备金蛋；低的，准备转盘或者抽奖红包。开场不久，就请自己人先砸两个金蛋。我过去经常都是现场第一个砸金蛋的人，开胡弄个好彩头。

关于指示牌。很多展会，不重视现场指示，客户经常不知道在哪儿停车，停好车了，也不知道往哪里走。有的客户，已经到了展会附近，因为找不到展会会场而白白流失了，可惜！

关于道具。展会现场多准备一些饮料、茶水、咖啡、水果、糕点等。有条件的话，现磨咖啡、现场烘焙曲奇，让展会多一些香味，这是暖心的道具。我看过一些公司，光饮料就准备十几种，有专人负责送，负责打扫收拾，这个给客户感觉好。让客户一进入会场，触觉、味觉、听觉、视觉都能感受到会场气息。

关于展会总结。每天中午、晚上和展会结束后，都要开总结会，及时汇报签单情况，及时调整座位和设计师，甚至还要及时调整签单政策。最好在展会现场就解决问题，不要遗留到后来扯不清。

关于如何提高现场签单。关键是客户经理和设计师的配合，设计师解决专业和信任问题，客户经理解决商务问题，几百元定金，只要双方配合得当，客户很容易买单的。只是，很多企业往往靠设计师单枪匹马，没有配客户经理这个展会岗位。

关于设计师如何现场签单。设计师一定要注意，不要在展会现场解决客户家里如何设计的问题。这个现场不容易解决，现场只解决客户信任问题，信任公司，信任对面这个设计师专业。设计师要多准备自己过去成功的案例，讲解给客户怎么做就可以了。很难在短时间解决一个房型所有的设计内容，只要解决客户一个痛点或者一个痒点就可以了。

关于现场座位怎么摆比较合适。要注意以下几方面：（1）一般展会入口要有遮挡，不要让人一眼看到会场全部；（2）要有行走动线，比如公司介绍放在前面，饮料食品摊位放在后面；（3）考虑每个设计师习惯，有人喜欢在里面安静，有人喜欢在外面热闹；（4）设计师座位每半天调整一次，局部调整，像打麻将一样，调风水、调氛围，这是总控人员要随时思考观察的；（5）交钱和抽奖区域放在相对醒目位置，有条件的现场播报；等等。

最后一点，问一个重要问题，展会是干什么的？展会是签单的！签什么单？定金单！什么是定金单，就是在展会达成一个未来成交机会，好让以后继续追单，以后有和客户继续沟通的理由。因此，对大多数中小企业来说，展会的最重要导向是，无论如何要和客户发生关系，让客户交签单定金，交量房意向金。只要交钱，客户就和公司达成一种契约，有利于未来真正成交。

开好展会，没有什么难的，关键是提前规划好，注意细节把控。最重要的是要敢于开展会，每次开展会，都总结经验教训，多开几次，就会越来越好。

如何做好小区营销和重点楼盘开发

小区营销和重点楼盘打法，是装企常用的营销手段，方式方法很多，但是各家公司的效果却千差万别。本文通过对这些内容总结梳理，帮助装企提升小区营销能力。

首先界定一下，小区营销有很多种方法，比较好的方法是在这个小区租一个甚至买一套房子，然后把它变成服务中心，这种大投入的做法，行业叫重点楼盘开发。另外一个方法是，在小区门口租个商铺，设立一个办事处或者干脆就开个门店。还有一种方法是，在小区附近茶楼、咖啡馆做营销活动，做展会沙龙。这三种方法都行。

做小区营销的终极目的是什么？那就是让潜在装修客户可以和公司设计师见面沟通，按平常行业说法，就是对接。有人做过统计，一般来说，装企业务人员见20个客户才有可能让1个客户见到本公司设计师，换句话说，就是对接转化率5%。那么，为什么转化率这么低？有什么方法可以提升这个对接转化率？

要选择和公司定位相符的小区，很多装企不重视这个，所以浪费了很多时间精力。对小区提前做充分的调研，从物业、售楼人员、中介甚至保安那里，了解这个小区具体情况。一般企业在日常调研中关于户型，是不是投资房，面积、总价等都会做调研，但是往往忽略这个小区里住什么样的业主。小区业主画像不清晰，这是我讲的定位要相符的问题。老师、公务员、白领、暴发户、周边制造工厂管理人员等，不同客户群，采用的方法是不同的。每个装企的基因决定了他们只能在某些特定人群里有较大价值发挥，但是绝大部分装企从来没有认真思考过，也没有对自己公司过去的客户总结分析过，我这个公司擅长做哪类人群等。

做好本公司核心竞争力梳理。我们这个企业和其他装企相比，竞争优势在哪里？到底是设计还是施工？是擅长做套餐，还是主材很实惠？是工地管理均衡，还是设计师把握客户能力比较好？把这些竞争优势找出来，然后融入话术中，融入宣传单页中，融入公司网站里。这个方面，很多装企从来没做过，也没认真思考过。

准备一些工具，不要只有一个DM单（广告宣传单）、一张名片，或者再配一个易拉宝、X展架和一张桌子，这个太初级了。是否可以增加一些装备工具，比如说，手中拿出这个小区的设计方案，让客户快速知道自己的家未来是什么样子。这个设计方案，可以让客户停下来翻阅，翻的过程中，业务人员是不是就有更多时间和客户沟通了。能不能在桌子前面摆一些工艺展示，比如走线的工艺，不同管材几年后的使用对比，等等，做这些小道具很简单，不花多少钱，也不花多少时间，但是很形象直观，这些小点是客户的盲区，他会有感觉。

基本上，每个公司在业务人员做小区营销操作前，都会做培训，一般都会有统一说辞，只是这些统一说辞的质量和效果就千差万别了。比如，我们这个装企有什么优势，说不出来，我们给客户的保障和售后服务是什么，有还是没有。另外，会背和现场发挥又是两回事，基本上，准备说很多东西，但是客户没有时间让你说。于是，怎么拖住客户，怎么捕捉客户兴趣点，这就要功力了。核心技巧是，不是把话术背给客户听，而是询问客户关心什么。每个客户关注点都不同，回答他感兴趣的问题，就可以有来有往，沟通质量就会有所提升。还有，上阵前，多做情景演练吧，磨刀不误砍柴工。

回答那个终极问题，让客户有机会和设计师见面，这是最关键的，而不是你在客户面前吹嘘你这个企业多么牛，价格多么低。回答这个问题，你就要回答为什么客户要和你这个公司设计师见面，他能有什么好处。比如，见设计师，可以看到这个小区更多设计案例，可以看到哪些措施能弥补这个户型上的不足，可以看到完整报价，可以看到隐蔽工程用了什么工艺和什么材料，可以看到公司真正的实力，等等。

许多公司小区营销操作效果不好的原因是过程监控不足。去之前，没有准备会议，没有订目标；过程中，没有人监督，没有责任人为结果负责；去之后，没有总结，没有分享，完全是打乱仗，没有章法。相比之下，成功的做法是：去之前，让每个人都清楚这个小区特点，我们准备的工具是什么，每个人要拿到什么结果；过程中，会发现有目标和没目标，结果真的是差异很大，有目标，大家就会在心里为目标努力；去之后，不断总结精进，这样可以发挥团队智慧。

装企小区“爆破”玩法，最初由北京的家装公司开始，然后通过全国直营和加盟公司，将这种营销模式推广到全国。最初的小区“爆破”，常规手段是在小区蹲点、摆摊和做展会。从2011年3月开始，在以前的装修公司开始尝试新的小区“爆破”升级版玩法，我们把这个叫重点楼盘开发。

新版本的重点楼盘开发，不是在楼盘门口摆摊，之前那种方式是守株待兔，是坐销，成功率不高；现在是行销，走到业主中去做宣传。重点楼盘开发最关键的是找到适合自己的重点楼盘，然后聚焦，全力以赴，够快够狠。

首先登录安居客、房天下这样的房地产平台网站，了解自己城市新开楼盘情况，做表格做登记，然后安排业务人员一个一个楼盘调研。因为房地产平台网站上的信息不会很全面，有时候也会误导，最准确的还是靠业务人员用双腿用嘴巴去核实。和楼盘售楼处、物业、保安等了解整个楼盘情况是投资房多还是自住房多，定价多少，是高档还是低档楼盘，业主人群特点，从事什么职业，多大年龄，有什么特别的喜好。比如说这个楼盘老师多，医生多，公务员多，那么这样的楼盘比较难以操盘，因为这样的客户要求比较高，你就琢磨琢磨是否适合自己。不同的业主楼盘，打法也不同。

调研结束后，在这些楼盘中确定几个候选的重点楼盘。为进一步测试这个楼盘是否适合自己，尝试性地做一些小型展会，不完全以签单为目的，只是为了测试，为了和这个楼盘业主面对面做交流，找感觉。几个小展会做完后，确定一个重点楼盘，然后全力以赴地往下推进。

全力以赴的意思是聚焦，把公司资源全部投入一个重点楼盘上。成立重点楼盘小组，一般老板亲自挂帅，市场部、设计部、工程部、材料部等各部门全上，如果有策划部，策划要先行。公司所有设计师全部到这个小区量房，每人出设计方案，然后PK，对设计方案最好的进行奖励，对评选差的、不用心的进行处罚。接着，全体设计师在这个最好的设计方案上提修改意见，使之成为最佳方案。针对几种户型，按照常见的现代简约、欧式、美式等风格，分别制订出几种方案，接着每个设计师背得滚瓜烂熟，然后再考试。这样一轮下来，每个设计师对这个小区都很熟悉，在这个楼盘上每个设计师的设计水平都是一样的。

策划部针对这个楼盘出第一本楼盘专刊，第一本楼盘专刊有这个小区的介绍，周边哪里有医院，该医院专科门诊是星期几，每个超市离这个楼盘多远，坐几路车，等等，类似于便民手册，这个实用的楼盘专刊就没有人扔了。楼盘专刊里有这个小区各种户型图，各种设计方案效果图，留有市场部楼盘装修顾问的联系方式。这本楼盘专刊放在售楼处，通过保安以邮寄方式投递给小区业主。

在这个小区租赁或者干脆买一套房子，快速装修成为样板房，这个样板房就成为这个小区的业主接待服务中心。不论租房或者买房，都可以进入小区业主微信群、QQ群，多做公益活动，多发言，想办法成为小区业主群群主。不要随便发广告，可以把自己的小号拉入群，小号多加业主私聊。和业主说邮寄楼盘专刊给他。样板房装修过程中，多拍照片，发业主群里，说自己家怎么干的，哪个装修公司（实际上是自己的），小毛病是什么，总体认真负责，感觉质量还行，装修效果不错。于是，整个装修过程和实际竣工图片成为第二本楼盘专刊的主要内容。

快速占领小区业主群，快速出样板房，是决战这个重点楼盘的关键。等蓄水差不多的时候，开始做展会，业主看到这个装修公司对这个小区户型这么熟悉，而且有成熟设计方案，有样板房可以看，这个重点楼盘就好做了。有几个工地后，多做场容包装，给施工队定考核和激励政策，开展工地营销。

以上提供的小区营销和重点楼盘开发方法，仅供参考。需要企业在实际运作中，结合企业自身特点，灵活运用，不断提升业务量。

业绩差是因为懒和没套路

公司一位业务员跟我提出离职。我问他，你为什么要离职？他说，业绩差，觉得对不起公司，也看不到前途。我说，我们按照销售漏斗方法，分析一下你过去的工作，你沟通过的客户有多少？甄别以后，潜在客户有多少？目标客户有多少？他报给我一个曾经沟通过的客户数字，我说，按照销售漏斗原理，按照我们这个行业的常规转换率，你这么少的客户沟通量，最后当然不会有多少成交客户。你的业绩差，是因为工作量不够，是因为懒。

销售漏斗，是销售管理中常见的方法，大部分CRM客户关系管理软件，都是按照这个逻辑设置的。不同行业运用的方法不同，每一层级的叫法也不同，有的时候会划分成7个层级，有的时候是5个层级。销售漏斗分成5个层级的顺序是，成交一个客户之前要经过4个层级步骤：先广泛寻找客户；然后甄别客户，看哪些客户是潜在客户；之后确定为目标客户，不断沟通说服；最后达成成交意愿进行报价。

销售漏斗的第一层逻辑是，要保证并努力提高每一层级的数量。举例说明，沟通客户1000个，按照转换率10%计算，甄别后客户是100个，再按照10%转化率，目标客户是10个，再按照10%转化率计算，最后成交客户是1个。沟通1000个客户，才有可能有1个成交客户。当你的沟通客户量没有达到1000个的时候，你很难成交1个客户。业绩差，是因为沟通客户不够多，最终原因还是因为懒。

没有人能随随便便成功，有天赋的人是少数，大部分人拼的是勤奋和时间的投入。你付出异于常人的努力，你才有可能成功。我们只看到成功人士站在舞台上的风光，我们看不到他背后为此付出的努力。很久以前，我看当时风靡中国的日本电视剧《排球女将》，女主角小鹿纯子一直不明白，她的队友某某，每天看起来很轻松，但水平就是比她高。一天晚上，当小鹿纯子看到某某深夜在球场练球时，才突然明白，这个某某白天的轻松，是因为她每天晚上发奋的努力。还是那句话，没有人能随随便便成功，除非你付出异于常人的努力。

人为什么懒？这是天性。从销售管理讲，应对这种懒的方法，一个是增加动力和欲望，另一个是让其痛苦。先说增加动力和欲望这种方法。业务员也是人，天性爱钱，给予足够多的利益回报，可以增加他的斗志。除了底薪高提成外，可以考虑阶梯制奖励，达到一个目标提成多少，再上一个台阶，给予更高的提成。还可以达成一个目标后给予精神奖励，比如在公司大会上授予其某种荣誉，颁发奖章，授予旅游机会、培训机会，等等。进行物质和精神双重刺激。

克服懒的第二个方法是让其痛苦。每个人都有面子，进行物质和精神双重打击。物质打击是降低底薪，降低提成标准；精神打击是私下批评，甚至是会议上公开批评。办公室里挂业绩排行榜，名单在最后的人最难受。我曾经看过一个案例，某团队业绩好的人，可以在公司特定的场所享受公司免费提供的午餐。业绩差的人，每天晚上在办公室加班，第一周不出单，加班一小时，第二周不出单，加班两小时，以此类推。业绩差的人，每天站着参加公司会议，等等。

销售漏斗的第二层逻辑是，不仅要提高每一层级的数量，还要提高每个层级的转换率。还是上面的案例，比如沟通客户1000个，按照转换率20%计算，甄别后客户是200个，再按照20%转化率，目标客户是40个，在按照20%转化率计算，最后成交客户是8个。沟通1000个客户，最后有8个成交客户，这比上面的1个客户多成交7个。

下面说一下提升转化率的方法。就是先要知道有效的可沟通客户在哪里。这是销售漏斗的第一层级。装企找客户的方法很多，电话名单、小区“爆破”、微信群、QQ群、装修论坛、展会营销和工地营销等等。但是，我们装企老板都知道，给你二手、三手业主名单，有效吗？一个被打烂的业主名单，效果很差，这是一个不争的事实。有效有时候比数量多更重要。一个城市那么多楼盘，作为我这个装修公司，最适合做哪些楼盘。最后还是要做楼盘调研，做客户画像，然后确定自己业务定位和客户定位。细分市场，反而会提高产值。什么类型客户都做，工装做家装也做，低端做高端也做的装企，不容易做大。

销售漏斗第二层级，是要甄别客户，这个已经缩小范围的圈子里，哪些有可能再往前纵深一步。客户需求什么，我们是否能够满足。反过来，客户需求不清晰，我们是否能够引导客户。对客户甄别越清楚，越容易走到下一个漏斗层级，成为准目标客户。

销售漏斗第三层级，对于装企来讲，基本上已经PK掉一大半同行。假设最初客户找了8家公司比较，那么此时，恭喜你已经进入这个客户最后两三家的了。提高这个层级的转换率，临门一脚的核心是把自己优势资源说清楚。

上面简单说明了销售漏斗各层级侧重点。接下来说明为提高上述各层级转换率，对应的每个层级的关键是：第一层级看重的是沟通技巧，迅速建立亲和力；第二层级看重的是对客户了解有多深，第三层级看重的是专业话术。

学习套路的核心是向前辈学习，前辈的经验是多次实战经验的积累。另外，自己在实战中不断总结，客户提出这个问题，我该怎么回答比较合适。每个问题对应的最合理答案是什么，然后组成小组，大家一起攻关讨论，总结成话术。所谓的销售百问百答，就是套路。对于这样的百问百答，认真总结出来后，每个业务人员都背得滚瓜烂熟，要参加考试，考得好奖励，考得差罚款。

光有这些套路和话术，还不行，要不断地情景演练。企业里业务人员聚在一起，你扮演客户，我扮演业务人员；然后，我扮演客户，你扮演业务人员，不断练习。世上销售无难事，只要不断去练习就好。再说一遍，产值低，是因为没有套路。

电话不能打了，怎么做好网销

2010年，我在上海一家装修公司任职，那时这个公司80%以上的产值来自电销，只有一些简单的网络推广方式（官网和房天下）。我和老板说，我们可以干网销，要把电销来单业绩的总产值占比给降下来。老板问为什么，我说，虽然目前抓卖名单的没那么严，但是未来一定会越来越严格，因为这种模式严重骚扰了老百姓的正常生活，政府一定会管的。

从今年开始，全中国大部分城市的有关部门都行动起来，抓了一批又一批卖名单的。另外，这次和以往最大的不同是，不仅抓卖名单的，更主要抓买名单的，买50条信息就可以拘役，情节严重的可以判刑7年。这个不是我说的，最高人民法院和最高人民检察院，罕见地在两个月内修改相关执行条例的司法解释，两个月前是500条信息被抓，两个月后改成50条起步。

为啥有关部门这次这么卖力？根本原因是这次国家来真的，谁敢和大趋势对抗。所以，不要再有侥幸心理，以为这次会像以往一样，一阵风过去，然后又可以买名单了。没有买卖，就没有伤害。就算你胆子大，不怕抓，那些卖名单的，那些名单源头也不敢再做。

找第三方派单平台是一种网销方式，还可以自己做网销。建立一个网销部门，找有经验的人，然后开始做官方网站、移动官网、官方微博、官方公众号（服务号、订阅号），接着做官网SEO优化，然后做SEM（搜索引擎推广），SMO（社会化媒体优化）。正常一个1000万元年产值装企，网销部门需要6个人，年网销费用投入40万元（含网销人员工资提成），期待回报600万元以上产值。

网销是一个技术活，做好网销从技术难度上讲，要比拿名单打电话难很多。中国家装行业没有多少网销专业人才，大家都不会，比较好的方法是上各种专业网销培训课，还有一个是找其他行业网销人才。世界上没有捷径，如果有，就是一步一个脚印。装企做网销，就是这样，一点一点地学，把这个硬骨头啃下来。

对于装企老板来说，不期待成为一个专业人才，但是你至少要懂一些基本常识。比如说做搜索引擎竞价排名，你要知道什么是搜索词，什么是关键词，什么是标题，什么是创意，什么是描述。汉字都认识，但背后意思要明白。比如对一个网站评价，你要会看后台，会看各种站长统计工具，知道啥是跳出率，啥是百度指数，等等，这是评价一个网站最重要的几个指标。

2003年Google退出中国，李彦宏创新出台百度竞价排名这个产品，然后狂飙崛起。2004年3月，我看到一个叫《申江服务导报》的报纸上有一个“豆腐干”广告，讲百度竞价排名。问了一些专业人士，这个有效吗？所有的专家告诉我，这是坑人的，千万别做。这些专家没有一个告诉我，其实他们根本不知道百度竞价是个什么鬼，死要面子，不好意思说自己不懂。

我是中国最早一批尝到百度竞价“头啖汤”的人，所有的词都是3毛。百度竞价开通半小时，我接到第一个咨询电话，当天接到20个。2011年2月，我在上海星杰装饰，和星杰老板杨渊说，我们可以做百度竞价排名，杨渊说，这些住别墅的老板有时间上网吗？我说你不相信，我们可以试试。结果是很长一段时间以来，星杰装饰从百度竞价排名中受益良多。

2015年，我给另外一个上海知名装企建议做大众点评，这个企业老板说，大众点评是做餐饮的，虽然现在开通家装频道，但有用吗？我说你不相信，我们可以试试。然后，这个企业是中国最早一批和大众点评合作的装企，同样赚得盆满钵满。

我之所以有这样的慧眼，背后的核心是专业。我以前说过，网销最关键的是客户研究+渠道选择+内容建设，其背后的核心是专业与坚持。请相信专业的力量！请相信坚持的力量！请相信相信的力量！什么是专业？简单地讲，在某个领域，你付出足够多的时间，不断尝试，不断总结，不断分析，不断失败，不断成功，然后你掌握了一些技能和感觉，这个叫专业。

很长一段时间，我坚持每天看百度竞价后台，不断思考总结，然后找到“球感”。我实在找不到合适的词。打篮球打久了，你会有“球感”。开了10多年车，老司机多少会体验到人车合一的境界，然后遇到紧急情况，你的大脑还没反应过来，你凭着本能和经验已经避开危险。

做网销，需要很多专业知识。你知道你的客户是谁吗？与之直接相关的是，他们每天几点上网？看什么APP？用哪个渠道？喜欢浏览什么内容？与之不相干的但很重要的是，他们喜欢《芳华》还是喜欢《前任3》？喜欢这两个电影的人群一样吗？他们开什么车？我曾经看过一个段子：某个小区保安统计，发现开比亚迪的业主，每天早上7点离开小区，开帕萨特的，每天早上8点离开小区，开奔驰S、宝马7的每天9点、10点离开小区，开玛莎拉蒂跑车的，每天晚上9点离开小区。你不知道你的客户是谁，那你投放的很多广告，写的很多文章，都打了水漂。

同样是竞价排名，百度和360和搜狗有啥区别？同样是信息流，今日头条和UC头条有啥区别？这些渠道，哪一个对接更有效，哪一个更容易量房，哪一个在量房到施工合同转化率上最高？如果对渠道特性不了解，那么你又如何做渠道媒体组合？都是50万元网销费用，专业高手和普通人，他们在不同媒体投放多少钱的方案是不一样的。

都在做公众号，哪位同行写的文章点击量有过万的，或者不要过万的，有过5000的吗？你看过咪蒙的文章吗？你研究过咪蒙文章标题、起笔、转承和收尾吗？她为什么可以做到许多文章不是点击，而是点赞10万+，原因很简单，就是专业。同样是实创、苹果事件，你知道，你为什么不抓这个热点，为啥不写？同样是成都量房事件，你知道，你为什么还是不抓这个热点，还不把自己公司的特点优势写进软文？而我做了……

做网销，需要一个能沉下来的心，需要耐得住寂寞，需要死磕到底的精神，需要付出足够多的时间。

坚持，大家都懂，但做到很难。网销专业知识，关于SEO、SEM，这10多年来，一直在更新迭代，过往许多优化的知识和经验，都过时了，唯有与时俱进。信息流、公众号、小程序等，都是四年前没有的东西，它们的特点，它们的创新玩法，值得不断在实践中摸索前行，一开始大家（包括我）都很蒙，只有坚持，一遍一遍试错迭代，死磕，才能找到感觉。千万不要相信，通过自己坚持半年，就成为行家专家，拿到什么成果，这个不可能！另外请千万相信，通过自己坚持两三年的刻苦努力，你会有很多体验和收获。

最后给中国万名装企网销人员说一句心里话，装修行业正处在变革期和转型期，网销是中国装企营销中，目前性价比最高且最有效的方法，我们绝大部分人刚刚开始，谁不比谁强多少，坚持跑两三年，彼此就会拉开很大的差距。网销需要专业，需要坚持，加油！再重复一遍，网销最关键的是客户研究+渠道选择+内容建设，其背后的核心是专业与坚持。

装企网销十大关键点

网络营销至少目前还是装企性价比较高的营销方式，那些还停留在靠门店上门客户、靠电销的装企，请重视网销。不会网销的装企，日子会越来越难过。以下，说一下装企网销十大关键点。

（1）请无论如何安排专人专职做网销，不要用前台兼职做。人数多，有条件的企业，可以像电销一样成立网销部，然后分成网络推广和网络销售两个岗位。产值过千万元的企业，专职网销请配6人以上，中国一些大型装企，网销部人员几十个的都有。

（2）不管做什么形式网销，请先把公司官网做好。这个“好”，指要花很长时间思考琢磨，要花足够多的费用。做一个网站，少则几千元，多则几万元、几十万元都行。中国铁道部那个12306网站据说花了几个亿元。官网功能定位销售型网站，兼顾企业品牌形象。做网站的时候，要考虑到未来容易被搜索引擎搜索到，就是SEO，所谓的搜索引擎优化，这个专业知识交给网站制作公司，但装企老板要懂，官网架构（拓扑图）要提前考虑到。

（3）网销做官网花了第一份钱，第二份钱请无论如何花在百度竞价排名上。虽然一些热门的百度搜索词已经达到几十元，但是做竞价花钱少点排在第一页面也行，总之有比没有强。百度竞价是我隆重推荐的，一定要做百度，肯定有效果，虽然点一下几元几十元很心疼。很多专业公司、专业人士对关键词很有研究，但是百度小鸟抓取技术要素经常在变，这就要求操作人员注意变化。我是从2004年就开始做百度竞价排名的人，那时不仅装企，全中国其他行业也没有多少家企业做百度竞价排名。时间长了，养成了一种感觉。在我过去工作过的企业，我一直分管业务部门，面对网销人员的质疑，我告诉这些手下，这就像乔丹的“球感”一样，我没法告诉你理由，但是你坚持10年以上的钻研，就会像我一样有对关键词的感觉。

（4）对于刚涉足网销的装企来说，性价比最高的网销，就是找网单派单公司。每个做网销时间长的同行都清楚，自己花钱做来单，要比找一个靠谱的网单派单公司，费用多得多。如果想少花点钱做网销，或者还不会做网销，那么我严肃推荐，找靠谱的网单派单公司吧。对派单公司不要一概而论，既不能全盘否定，也不用全部依赖。

（5）请做大众点评和安居客！半年前，我都不会公开说找大众点评，这是要挡一些先知先觉公司的网销财路，现在公开场合我可以说了。一个装企老板用三年时间，产值从0做到3000万元，原因是一上手就做网销，他领悟的技巧，可以公开地讲一个，就是他三年前就做了大众点评！当他说三年前就开始做大众点评的时候，我说你有网销天赋！我对他说，我以前所在公司，是花了不少试错费用，才在那么多网络渠道里发现大众点评的价值，你怎么一上手就知道了，而且知道这么早！大众点评是目前我所知道的所有网络渠道里很有价值的一个。同样道理，除了大众点评，还有什么比较好的网络渠道？安居客开通的城市也可以尝试，要大胆尝试，要敢于试错，好的网络渠道都是试错试出来的。

（6）目前中国装企里，像我这样能知道各网络渠道，在对接、量房、设计

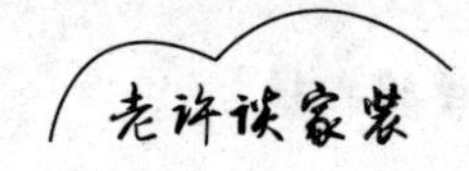

和施工等方面各自的优势，应该不多。原因有两个：一个是像我这样拥有长年累月的网销实战经验的，可能还是有些人，但是像我这样在两个大型装企分管网销渠道且是高管层级经历的人，就很少了。另一个是我曾在以前工作过的两个大型装企里，通过大量网销费用砸下去，再加上我这么刻苦交叉分析后才知道的。同时具备这两个条件的装企网销人就很少了。

（7）成为业主群群主。在重点楼盘里租个房子，甚至买一个房子，只要你觉得有价值。然后，你就可以进入这个小区QQ群和微信群了。关于业主群有许多实战操作手法，在前面讲重点楼盘开发的内容中，有相关介绍，这里就不展开了。但核心关键是要为业主多做事，多做有意义的事，时间长了，有公信力，自然就成为群主。成为群主有啥好处？可以踢人，可以发自己公司广告，可以以群主名义对所有群友进行需求调研。

（8）建立网络矩阵。从网络渠道讲，装企可以涉足50个以上的渠道，比如官网、官博、官微，包括今日头条、安居客、大鱼号、抖音、知乎、豆瓣、小程序，甚至是企业老板微博和企业员工微信等，形成网络立体营销。网站、微博、微信、公众号，有各自的价值，不展开讲了。

（9）做京东和天猫这样的网店很难。由于装修是一个低频高成本的生意，装修业主很难通过网店去找装修公司。很多装企在天猫创造的神话，背后有太多的因素。我曾经听过某公司高管讲过天猫，他们在天猫上做得很好，但他们对天猫的研究和理解是需要时间和钱的。从某种角度说，做网店成本不便宜，所以，请谨慎考虑做网店。当然，把网店往线下引流，是一种常用方法，这就是所谓的线上和线下相结合。

（10）最重要的最后说，不管什么网销方法，内容为王。请在网络上大量铺设企业的正面信息，在新浪、搜狐、网易，甚至齐家、房天下等平台网站，增加曝光率，到处都能看到贵公司信息！

装企网销内容建设

随着国家打击信息犯罪越来越严厉，精装房越来越多，装修企业转型做网络营销，通过网销获客成为趋势。不管装企如何做网销，内容始终是王道。

网上大约有3000篇通用的家装原创文章，然后，经过很多人的伪原创，就是改改标题，改改部分文字和图片，网上至少有3万篇伪原创文章。无论是原创还是伪原创文章，我浏览过的上千篇文章里，没有一个让我印象深刻，除了那些装修日记。

装修日记，就是装修业主在整个装修过程中，记录每天家里变化的情况。写得好的装修日记，除了有家居环境变化，还有内心的变化与感受。这样的装修日记，不能仅仅用“走心”来形容，我们更多看到的是虐心或者说是扎心。装修行业常讲，客户在整个装修过程中，心理变化是一个微笑曲线，一开始满怀期待，但在装修过程中，曲线下滑，然后接受事实，和装修公司共进退，磨合顺利后，微笑曲线上扬。大多数装修故事，实际情况都是如此。

我很少看到装修公司工作人员写装修日记，比如设计师、项目经理或者施工工人写装修日记，就是有，也很简单，甚至不像是本人写的。原因无他，主要是忙得没时间，或者没有写作功底，最主要理由是没有意识到这样原汁原味的原创文章有价值。其实并不要求文笔有多好，只有一个建议，请真实，是原创。

上海紫苹果装饰有几个宣传片很真实，很场景化。第一个宣传片讲客户不断要求设计师改方案，设计师始终不知道客户要什么，当那个需求点被挖掘出来后，方案一次通过。第二个宣传片讲项目经理想让客户用一个新材料，客户觉得项目经理是在增项，项目经理自己掏钱用新材料，最后误会解除，客户夸赞项目经理。像这种改稿、增项，是难以把控的敏感话题，紫苹果脚本创作人员力图真实，还原真相，勇闯雷区，火候与尺度拿捏得很好。

我不反对标题党，像中国最火的咪蒙那样，写一个抓眼球的标题，让人点击这样的文章。许多装企在做信息流广告（朋友圈、今日头条）的时候，也是喜欢标题党，关键是点击以后，你的文章是否有兴趣让人看进去。咪蒙曾经很火的一篇文章标题是《我老公因为嫖娼，被前男友抓了》，但是当你看这篇文章的时候，你就发现这篇文章不是狗血剧，内容振聋发聩，让人深思。带着情感写这样的文章，把自己的心放进去，不是为了写文章而写文章。互联网时代，很公平，任何一篇好文章，只要足够好，就能让人主动传播你，文章点击量可以过10万，甚至过100万。

装企有网销内容了，那么这些内容的载体是什么？官网（含移动端）、官博、公众号（订阅号、服务号），公司个人转发的朋友圈，微信群、QQ空间，百度类（百科、文库、问答、贴吧、图片等）、天猫（京东等）、知乎、豆瓣、头条，还有房天下、新浪家居（搜狐、网易、腾讯），社区论坛（天涯、西祠、19楼、小鱼、化龙巷），等等，网络渠道很多。

不同的载体或者说网络渠道，有不同的内容需求。比如说，朋友圈最适合发九宫格设计方案，唯美细腻的图片让人心动，朋友圈还适合发公司促销活动、展会信息。我经常看到一些企业，有大型展会了，公司要求所有人员换头像，换成公司标准海报等，都是这样的套路。

请高度重视微信公众号。微信真是造福人类啊，除了朋友圈好，公众号也不差。订阅号一天发5篇，只要你内容足够多，订阅号一般发装修知识，大量的伪原创文章基本都在这里。然后服务号一个月发5篇，好处是服务号直接在你朋友圈呈现，不像订阅号藏在订阅号消息这个按钮里。所以说公众号里精彩纷呈，公司正面形象有团建活动、慈善公益等等，这都会让装修业主觉得这家公司靠谱，有活力有实力。

豆瓣、知道、贴吧、BBS论坛等有用吗？有用，你可以玩自问自答小游戏。请问厦门哪家装修公司好？然后你假模假式地回答，顺便把贵公司名称植入进去。前不久，我在杭州网销课上，一个学员分享他们这样玩得很好。我听了微微一笑，缓缓地问，想升级吗？嗯，怎么升级？1.0是自问自答夸自己，2.0是自己拿自己开骂，骂要掌握火候，其他小号帮腔，这个会很热闹，抓眼球。

说一下官博，就是你那个已经不用的博客，对于装企来讲叫官博，官方博客。这有用吗？有用！你公众号才多少粉丝，大多是死了很多年的死粉。官博就不一样，天天还有好多人在里面看，这些是真活粉。有一些装修公司，很多网销单子就是从官博来的。没事以装修辅导员，以老工程师、名监理身份出现，义正词严地发布各种角度文章，回答网友提问，提问多了，就转化成客户。

最后谈业主微信群、QQ群营销。这个是真家伙，实实在在来单的地方。很多装修公司网销人员冒着炮火，好不容易潜伏到业主群里，然后很兴奋，发了两篇公司促销活动，就壮烈牺牲了。谁叫你这么张扬，鬼子进村，悄悄地，只私下加号。一般打死也不要暴露装企网销人员身份，将这个业主朋友推荐给某装修公司好朋友，其实这个好朋友是你自己的小号。关键地方说了，这是干货。

那么在这些载体上放什么内容？内容主要有三大类，一类是关于公司企业形象和品牌宣传的，一类是关于家装家居知识的，还有一类纯粹是追社会热点引流用的。

先说第一类，公司企业形象和品牌宣传内容。这一类常见内容有，公司企业文化阐述，公益活动，各种会议总结，展会宣传报道，老板、设计师或者项目经理的采访，等等。其实，网销内容背后，是在检阅你这个企业文化和品牌建设怎么样。

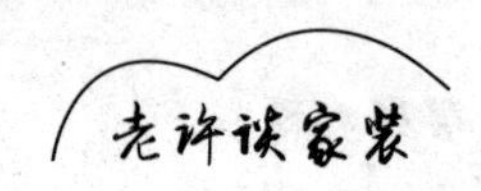

如果你平常注重企业文化，有明确企业文化内容，而且围绕企业文化展开过很多活动，那么这时候，你的内容就有很多素材。比如上海星杰装饰，有家文化、幸福文化、正道文化，关于这三个文化，星杰不仅有很多文字阐述，而且经常围绕这三个文化开展各种活动，那么就会有很多不同角度的报道。上海申远装饰有十大文化，其中关于健康文化，申远每年都开展百人戈壁挑战赛，平常的训练，队员选拔，戈壁挑战赛的意义，之前准备，活动进行中细节，活动后总结，洋洋洒洒，每年都可以有10多篇报道。设想一下，当一个装修业主，在星杰、申远的官网和公众号上看到这些内容，业主会想这样的企业有文化，有爱心，有担当，靠谱，找这样的企业装修没错。看起来这些文化品牌类文章和营销没有直接关系，实际上是一种更高明的营销。

上海星杰装饰每年出一本《星杰年刊》，这本年刊定位是企业内刊，给企业员工看的。基本上，每年会有200个到300个星杰员工名字在这本年刊中体现，会有大概20个员工有直接报道，其中有高管，有设计师，有项目经理，等等，这些内容都可以用在网络上。比如星杰采访企业里要生孩子的孕妇员工，然后连续报道这些生完孩子的妈妈，这样的文章很有人情味。比如有星杰老板杨渊自己的家是怎么装修的，星杰设计师自己的家又是怎么设计的。说是企业内刊，但装修业主看这样的内容，窥一斑而知全豹，可以通过这些没有营销味的文章，看到这个企业情怀上的东西，相对来说容易签单。

第二类内容是家装家居知识。下面说一个真实案例：我研究某派单平台，看到某个IP，通过百度搜索“厨房改造”这个词，来到网站，我详细研究了这个来自天津的IP路径，我发现他还搜索了“卫生间去除异味”等词，最后他在网上注册，留下手机号码和装修需求等信息。经过客服询问，这是一个二手房改造客户。说完这个，大家就明白了，为什么在自己官网官博公众号上，要刊登那么多家装家居知识文章，因为有这样的文章，很容易被准客户搜索到，这个不亚于百度这样的关键词竞价排名。文章标题很重要，你要大概猜到装修业主他想看什么内容，这样才容易被搜索引擎直接抓取到，而且排在前面。很多装修公司，他们每天上传几十篇文章，就是在做这样的事情。

第三类文章是抓热点。比如，这两天北京一个自由搏击高手徐晓东，单挑了一个太极拳名人，然后包括太极拳在内许多武林门派纷纷下战书，要挑战徐晓东。这个是热点事件，在网络上广为传播。有装企就把这样的文章放到自己公众号里，或者放在网销企业平台上，最后在这篇文章结尾，该事件和装修有啥关联，留下自己企业相关信息。比如，特朗普成为美国总统后，要把白宫改装成富丽堂皇模样，有许多装企跟风，帮特朗普设计白宫改造方案，这也是抓热点，包括达康书记、鲁迅说过什么，等等。

最后总结一下，装企网络营销，不仅PK渠道选择与组合，更主要的是PK内容建设。好的内容，不是先天就有的，而是企业日常积累的。企业要有专人负责内容建设，要坚持原创文章，坚持真实的文章，有好的内容，装企做网销会事半功倍。

装企网销现状与投产比计算

2018年11月，我拜访了八家装企，对装企网销现状做了调研，总体感觉，比自己想得还要差，硬要比喻的话，就是还在小学生阶段。我拜访的这八家企业，最小的年产值2000万元，最大的年产值3亿元，应该算是有点规模的装企。基本上每家都有官网，都在做公众号，在督促员工发朋友圈。和派单平台都合作过，大部分没有达到想要的效果。规模大的投放过百度，以电脑端为主，普遍反映贵，关键词最多的只有300个，重点的核心词都是公司品牌词、热词，不是长尾词。不知道神马是神马。胆子大的，投放过今日头条，信息挺多，转化率很低，很快放弃。大众点评、房天下和天猫、京东等，有两家在做，也只是维系。

这个现象让我震惊！除去找到靠谱的派单平台外，真正核算装企网销投产比，把网销人员工资等算进去，投产比超过1：10的，一家都没有。网销毛算投产比到1：15，装企才有可能盈利。如果这些企业具有一定代表性，那么可以说，中国装企网销还处在小学生阶段！

这个锅盖揭开，就可以理解为精装房来了，电话不能打了，为啥许多装企会缺单，因为不会做对于装企来说性价比最高的营销方式——网销。我先快速说答案，然后简单解释一下。如果装企在投放搜索引擎和信息流，我建议三个渠道，第一神马，第二百度移动，第三今日头条，以上有排序。

对于装企来说，通过自媒体如公众号，靠内容建设，来单太慢，太少，远水解不了近渴，但这个重要，一定要坚持做。让装企快速解决来单问题的，一定是投放搜索引擎和信息流。我看到，还有很多装企投放百度电脑端，这都什么年代了，有多少人通过电脑查信息。现在是移动媒体时代，靠手机查询信息的时代，所以投放移动端渠道是第一步。

神马这个移动端搜索引擎，被许多装企忽视，请高度重视。百度哪方面都好，无论来单数量，还是精准度都还可以，就是有点贵，从性价比角度来说，放在神马之后，排第二位。对于去年信息流的崛起，一些先知先觉的装企网销负责人，大胆投放，但是效果不佳。原因很简单，就是投放的钱和时间不够多，不够长。这门新的网销技术，需要走过弯路，迈过很多坑，才能找到投放信息流的感觉。这就好比在一个地方挖水，浅尝辄止，又换个地方，总是内心不够坚定。在所有的现有信息流中，我强烈推荐今日头条。

过去我们投放百度、360等搜索引擎，是装修业主找装修公司，人找信息；

今天我推荐信息流，是装修公司依托信息流算法，装修公司去主动找有意愿的装修业主，是信息找人，这两者有本质的区别。我强调一下，装企网销是个技术活，需要长期坚持和摸索。如果你想通过网销快速解决来单问题，就大胆投放神马、百度移动端和今日头条。如果没有效果，就是你不够专业，不够坚持，投放的钱还不够。

最后说一下网销投产比。一个三线城市的装企，在网销方面的投入比例大概是多少？假设一个装企年产值在1000万元，半包客单价8万元，人效40万元，大概25人，设计师有5人，比如中国中部三线城市。我先说答案，然后再一一解释。网销费用投产比是15倍，1000万元产值，网销业绩占比30%就是300万产值，那么投入费用是300万元除以15等于20万元，这个企业网销人员和设计师配比是0.6：1，3人。

为什么网销投产比是15倍，这是行业通用的入门比值。老板花了20万元网销费用，带来300万元产值，300万元产值乘以净利润率10%等于30元万，30万元减去20万元网销费用等于10万元。3个网销人员假设月薪3000元，乘以12个月等于10.8万元，这下明白了，投入和产出基本打平。对于一个刚学着做网销的装企，打平费用是起点。如果投产比还是15倍，网销业绩占比是40%，那么网销产值是400万元，净利润是40万元，网销费用是400万元除以15万等于26万元，加上3名网销10万元薪资，40万元减去26万再减去10万元就可以赚4万元。如果投产比变成20倍，网销业绩占比是40%，那么网销产值是400万元，净利润是40万元，网销费用400万元除以20等于20万元，加上3名网销10万元薪资，就可以赚10万元。

以上是数学游戏，核心是提高网销占总业绩的占比和投产比。一个比率或者两个比率都发生变化，整个利润也相应变化。如何提高投产比，提高网销占总业绩的占比，这是一个庞大的话题。

为啥网销和设计师配比是0.6：1？正常讲，家装企业电销和设计师配比常见的是1∶1，1个电销业务员养活1个设计师，这是最起码的，中国一些大型装企配比有的高达2∶1，2个电销养活1个。网销相对来说，比电销性价比高，0.6个养活1个，当然在网销推广花的钱，基本上也和电销差不多。另外，要算一笔账，一个企业多一个人，不仅仅是多一个人的工资钱，还有社保福利，他们每天还消耗公司的行政办公费用，还要多增加管理人员，隐形成本比较高，这也是要算钱的。

如果只有3个网销人员，这3个人如何分工，做什么？刚才说了，一年20万元网销费用，花5万元找一个专业的、靠谱的第三方网络派单平台，然后花6万元做百度移动端，花3万元做神马移动端，还有点钱投360，小程序、公众号、微博、官网等都开通。3个人里有一个头，专业用心点，负责和派单平台对接，负责百度、神马和360等搜索引擎。另外两个人，负责公众号、微博、官网运营、写文案、排版，等等。

网销是当下装企大面积解决来单问题最好的解决方案，下定决心，死磕到底。如果在这条大家都刚开始起步的道路上，你不是一个小学生，掌握了技巧和方法，你就领先于你的同行。

三、设计管理

废单分析

我不知道有多少装企做过废单分析，就是一个单子对接过来，没有签下，这样的单子叫废单，然后企业针对这个废单进行研究，是什么原因没有签下来，这样的分析叫废单分析。

我们知道，现在装修客户基本上会同时找多家企业比较，最后只选择一家合作，而其他五六家都将被PK掉，因此，每个装企都存在大量的被客户废单现象。那么，我们要思考的是什么原因导致了废单，以及如何减少废单。

我曾经在一家年产值过10亿元的装企工作，每个月这个企业都会开设计师大会，就是所有设计师都参加的会议。在这样的设计师大会上，公司运营负责人会向所有的设计师展示上个月废单一共有多少，发布设计师废单产值排行榜。每次数据显示的时候，都触目惊心。一般来说，装修行业对接到签施工合同转化率是15%，这是行业平均水准，这意味着假设一个公司一年签单产值1000万元，废掉的单子有7000万元！

大部分装企成功对接一个准客户，获客成本都不低，从网络平台买单，低的一单花几百元，高的要几千元，如果加上业务员、设计师等各工种人力成本，那就更高了，辛辛苦苦好不容易和准客户对接上了，有时候，已经量完房，甚至签了设计合同，最后施工还是没有拿下。

如何减少废单？核心是提高客户对接精准度，我们内心一定要有一个想法，不是所有的客户都和我的企业匹配，有些单子就是谈不下来。在这些不匹配的客户身上浪费时间，实际上隐含的沉没成本更高。因此，在寻找客户之前，首先要梳理，跟自己企业比较匹配的客户是什么样类型？这样的客户特点是什么？需求的共性是什么？我的企业能提供什么？只有两者有交集点，才能降低废单率，提高成功率。

和我这个企业同一个城市，要知道有哪些同样定位的竞争对手，他们的优点和长处是什么，同时，知道哪些是我的擅长，知己知彼方能百战不殆。但是，又有多少企业认真调研和思考过竞争对手呢？有多少企业认真思考过自己的长项呢？别人为什么老是胜出，原因一定要及时分析。

自己的企业不要有明显弱项，比如店面太小，设计师形象太差，不会量房，不能看工地，一看就是死。只有每个环节都说得过去，没有明显短板，而且有自己企业的竞争优势，这样的单才容易签。很多时候，废单的主要原因是客户看到了你的明显短板；很多时候，你能从6家企业里胜出，说明恰好你的强项是客户需要的。

要有专人做废单统计分析，分析每个废单原因，分类整理，思考对策。每个月例会上，要向设计师、业务员、客户经理和管理人员及时通报。对于废单高的岗位和人员要及时提醒，对于废单高的设计师可以暂时不派单，冷处理。

如果一个废单理由经常出现，分析人员要及时找到原因，提出对策，供决策层参考。比如说，当价格原因反复出现时，如果是真实的，我们就要思考，是不是我们企业来单方式有问题，或者目前企业定位和客户定位有偏差，要及时调整。

废单原因有很多种，主要有以下这几类：价格高了，客户找朋友做了，对公司哪个块面不满意，等等。注意，我特别提到前两点，价格高是理由，但也是借口，同样找朋友做了是理由，也是借口，我们在做统计分析的时候，一定要抽丝剥茧，找到根本原因。

有时候装修业主的真实原因是对公司派来的设计师不满意，但又不好意思说，怕影响这个设计师发展，如果是这个原因，要及时调整成和客户匹配的设计师，就很容易把这个单子签下来。有时候客户或者企业相关人员，把价格说得太死，已经设立了不能降价的“防火墙”，这样让客户不好意思还价。其实，这时候如果有一方让一点价格，给对方一个台阶下，这个合作就能达成。

和废单统计同样重要的是，我们要对已经流失的客户适当跟踪，这些客户到底选了哪家企业，选这个企业的理由是什么，不选我们企业的原因是什么，可以客服的名义去调研。长期思考研究，会提高我们的签单转化率。这是反向思考，有时比自己单纯地想如何提高签单率更有效。对比这个企业，我们企业的长处和短板是什么，要么及时调整，提升短板，要么就换一个赛道，换一种来单方式，和这个强劲竞争对手差异化。

废单分析工作可以逐步升级，初级版本就是分析废单原因，中级版本是分析废单主要出现在哪个环节，高级版本不但要分析出原因，还要找到对应的解决办法。因此，一个好的企业废单分析人员，要熟悉公司各个流程，有一定经营管理思路，其是一个管理人员，不是简单地做数据分析的基层人员。一般做废单分析的岗位在公司运营部。

接下来分析从对接到量房、从量房到设计、从设计到施工各环节的关键点。从对接到量房，关键点是服务，对接人员态度如何，跟踪是否及时等等；从量房到设计，关键点表面是设计方案，核心是对客户需求了解，没有好的设计方案，只有是否满足这个客户需求的设计方案；从设计到施工，关键点是预算，预算是否清楚，是否合理，不完全是价格高，只有清楚合理，客户才有安全感。大部分客户都不懂预算，看到厚厚的预算清单，基本上都比较蒙，有些企业故意把客户搞蒙，要么是自己不清楚，要么是自己没有底气和信心。合理收费，客户是可以接受的，关键在于你是否让客户放心。

总结一下，通过本文提醒装企决策人，我们不仅要想到废单分析，还要正视废单，重视废单分析，从一次次失败中总结经验教训，这样的企业才能成长！

如何提高签单转化率

什么叫签单？什么叫转化率？很多装企关注焦点是施工合同签单，很多装企把签单转化率不高的原因怪罪于设计师。如果是这样的思维，签单转化率是不容易提高的。

一家全案装修公司会和客户签署这样几个合作文本（说法不同，意思差不多）：量房委托书（定金合同或者订金协议）、设计合同、施工合同、材料代购合同和软装服务合同。一个装修案子，是按照从对接到量房、到设计、到施工、到材料、到软装这样一个基本流程流转的。如果把关注焦点，从施工前移到设计，再从设计前移到量房，还能从量房前移到对接，这样不仅在思维上领先中国99.99%的装企，而且签单转化率将有大幅提升。

为什么是这样？它的基本思维原理是，给设计师对接的单子好，那么自然就容易量房；如果量房好，自然就可以转化成设计合同；如果设计好，基本上设计合同就可以转化成施工合同。窗户纸捅破了，很简单，但是想到这一点不容易，再能做到这一点就更难了。

什么叫对接好？这句话包含两层含义，第一层含义是这个客户是我这家公司的目标客户、准客户，和公司各方面都匹配。这个展开讲，可以讲很多，基本原理是客户画像和我这个企业品牌核心价值（不仅仅是品牌定位）吻合。第二层含义是，对接客户和我要派单的设计师也是吻合的，也是精准匹配，这个包括，这个设计师对这个楼盘户型，对这个类型的客户，对这个客户想要的风格等方面的把握也是吻合的。做到这两点，基本上就叫对接好。你的公司是这样思考问题的吗？你知道你的企业最适合签什么类型的客户吗？你知道你这个企业每个设计师最适合签什么类型的客户吗？

我们平常盲目地把客户找来，盲目地对接给不适合的设计师，当然签单转化率低了！签单转化率低，浪费时间，效率低，互相指责，于事无补。一些企业从对接到施工合同，签单转化率为什么高达60%以上？因为他们就是这样思考问题的。

什么叫量房好？我说的不是你派了几个人，拿了什么量房神器，而是你知道客户真正要的是什么吗？你除了知道客户有几口人之外，还要知道这个客户很喜欢马，他为什么喜欢马？你知道客户开的车宽多少米，你还要知道客户家里第二决策人是客户老妈。你知道客户口头上说很喜欢意大利风格，其实他想说的不是意大利南部而是意大利北方托斯卡纳大区。你知道客户去过美国，其实他不知道美式文化有英式、法式，还有西班牙式，因为这个客户只去过美国西北，靠近墨西哥，而历史上西班牙曾经殖民过美国西北部和墨西哥。你知道客户老婆其实希望自己有一个独立空间，哪怕在客厅或卧室角落有一个贵妃椅都行。你知道客户戴什么表，喜欢什么品牌服饰，常用信用卡是哪个银行，等等，你要知道客户很多信息，当你知道客户越多，你就越知道客户需求。以上种种叫量房好，量的是客户内心需求。

有多少小企业知道，业绩好的公司考核的指标不是施工合同，这个排第二位，排在第一位的是量房指标！业绩好的公司对接到量房转化率是85%以上，量房到设计转化率是80%以上，设计到施工转化率是95%以上，整体下来对接到施工转化率是在60%以上，做到这个指标的有多少企业？各位同行，每个人每天有在做细致的各种转化率统计吗？有在做废单统计分析吗？会死磕每个废单为什么会废掉吗？除了责怪设计师不能签单，有思考过废单背后的原因吗？只要能持之以恒地分析研究，转化率自然就提升了。

死磕从设计合同到施工合同，没那么容易提高签单转化率。对接好，就量房好，量房好，就容易签设计合同，设计好，就容易签施工合同，把管理重心前移！每个管理环节重心前移，代表这家公司管理水平的提升，业绩是管理出来的。我所知道的一个公司，每个月只给1个设计师0.8单，但这个公司设计师每年签6~7个单，照样可以做到一年近千万业绩（这家公司均单值100多万元），因为给到每个设计师的单子质量都很高，这样就提高整个团队的效率，不花时间浪费在无用功上。

单子从电销来，展会来，还是从网络来，性质是不一样的，要做好区分，要调整销售结构。好的业务管理者，平常思考的不是销售话术，而是思考结构和数据分析，这是一个寂寞的活，但是持之以恒认真思考，业绩就是这样管理出来的。

装企一定要加一个客户经理岗位。让客户经理和客户沟通商务，沟通多少钱，让设计师谈专业，加一个客户经理花不了多少钱，但是企业只要加一个岗位，做一下多岗位配合，就会有神效。找到一个好的客户经理，会沟通，懂客户心理，签单转化率马上就提升。相应的就是提升产值。各位中小装企老板，你是否注意到，许多大型装企都有客户经理这个岗位，而唯独你这个企业没有。看起来加了一个岗位，提高了人力成本，但一个好的客户经理，可以为你带来更多的产值。注意，要有耐心找到一个好的客户经理，要舍得花钱找好的客户经理。

签单转化率不高，真的和设计师有很大关系。规模化装企，签单产值高的，签单转化率高的，都不是设计水平最高的那个，而是最用心最投入的那个。这个提供给很多中小装企老板思考，不要单纯地认为，我这个小企业产值做不起来，是因为没有大牌专业好的设计师，如果你的企业有几个认真用心的设计师，照样可以做高产值。那么，怎么让设计师用心投入？怎么提高设计师签单转化率？

除了专业，除了了解客户需要，作为企业管理者，你还要了解设计师，你会将设计师分组，你会让设计师分组配合，你会让两个设计师一起谈单互补，你会分组PK，你会带设计师到处游学，你会和设计师搞好关系，你会舍得分钱，让设计师觉得做私单对不起老板，你会关心设计师家庭生活，等等，这些种种化作三个角度，一是了解设计师，二是分组互补和PK，三是调动设计师积极性。

有没有一种方法可以快速提高签单转化率？马上提高10%的签单率的方法，只讲一个，那就是研究客户。你必须知道对面这个客户需要什么。我们这个行业很残酷，去量房的时候，有时很凄凉地发现，会有4个以上的同行同时在量房，那么你凭什么胜出？其中一个方式是，别量房了，和客户多聊会儿，彻底知道客户需求，和同行做同样的动作，是不容易有机会赢的。

设计师管理

装修公司有一个很重要的岗位，那就是设计师，设计师是装修业务流程中起到承上启下作用的关键人物。我亲身经历了一个家装公司从年产值2000万元到过10亿元的历程，看着很多设计师成长起来，从年签单几十万元到超过2000万元、3000万元的过程。这些产值高的设计师是怎么培养成的？

我把设计师分为五种类型——金：综合实力型；木：诚实质朴型；水：个性艺术型；土：埋头苦干型；火：无法归纳型。在调研走访许多规模化装企之后，我发现每个企业排名靠前的设计师，都不是才华横溢的个性艺术型，设计师水平高的几乎很难进入企业业绩前几名，业绩最高的都有一个共同特点，埋头苦干，沟通能力强，就是上文说的土型设计师，而不是金型或者水型设计师。

这里面反映了一个深刻问题，当下中国一般装修客户对设计师水平要求没那么高，反而业务型的设计师业绩会超过专业型的。所以，对于一个中小装企，不要只找水平高的设计师，而是寻找更多业务型的沟通好的设计师！

客户类型差异很大，萝卜青菜各有所爱，因此头发长的不一定比光头的设计师更让客户喜欢。无论是九型人格，还是星座、血型都告诉我们，匹配合适最重要。因此，一个企业要培养不同类型的设计师，穿着打扮不要强求，可以个性，也可以本分，都行。

好的设计师是公司内部管理出来的、培养出来的，很难说是从别的公司挖过来的。很多产值不过亿的企业，老板老是想着去挖人，就是挖来了，也不一定发挥作用。

签单是一个系统工程，公司品牌形象不行，工地一塌糊涂，哪怕设计师再牛也签不下来。同时，签单是团队合作，不能靠设计师唱独角戏。我经常在业内呼吁，装企要有客户经理这个岗位。设计师谈专业，让客户经理谈商务，各司其职，各有分工，这样团队配合，签单转化率才高。

不要怕管设计师，不能让设计师个性太强，业绩是管理出来的，不是设计师个人签出来的，一定要有这个观念，签单不是设计师一个人的功劳。除了考勤对设计师稍微照顾些外，其他方面该管就要管。

给设计师更多的学习空间。没有眼界，没看过更好的东西，是很难成长的。带着设计师多学习，多游学，边旅游边学习。许多东西自己悟不出来，看过了，成长就很快了。2016年春节期间，我带着家人自驾27天，去了16个城市，看了很多设计型酒店，体验了隈研吾大师设计的腾冲石头纪酒店，比较后我才知道，隈研吾为什么厉害，只看图片不行，需要亲自体验。

引入PK机制。人有时候不完全是为了钱，有时候也会为荣誉而战。把设计师分组，设立PK制度，你会发现，很多平常不和的设计师就会自动抱团，互相交流，互相帮助。再小的装企，只要设计师够4个人，就分成两个组，互相PK。

同样道理，如果一个企业有40名设计师，可以分成4个组或者8个组，根据企业自身情况。

把一个户型图拿出来，全体设计师都出方案，这样的形式要形成常态，每个设计师都可以成长。甚至，有时客户方案是大家集体讨论出来的，不养成设计师互相学习的氛围，设计师就不容易成长。再说一遍，设计师是内部培养和管理出来的。

不要请大牌设计师来工作，但是要请大牌设计师来给公司设计师讲课。这个钱要舍得花，请来后一讲，公司内许多设计师整体平面能力都有所提升。有的大牌设计师把风水和实战结合得很好，有的大牌设计师概念示意做得很好，等等，这些都可以提升公司设计师水平。

“功夫在诗外”，只会设计的设计师不是高手，高手是综合型的。高手关注房型，高手关注色彩，高手关注新材料运用，高手关注车辆的宽度，高手关注红酒雪茄，高手关注心理学，高手关注养生，高手关注金融，等等，这些都掌握了，就可以面对不同类型的客户，不同的客户需求，就可以做到游刃有余。因此，管理设计师，也要管理设计师的综合素质。

关于设计师薪酬怎么算，各个企业都不同，这里，我只提醒一点，不能让利益链条上每个人都满意的方案就不是好方案，这里要考虑到设计师助理、材料商、企业、业务员等各方面的利益，一家独大是不合理的。最后一点，也是最重要的一点，只要有单，设计师怎么管都行。

设计师培养出来后，流失了怎么办？其实，流失了，首先找企业自己的原因，为什么流失？钱给少了，还是不开心了。我曾经看过一个人事资料，说返聘人才工作效率比再找新人，要高出50%。

让设计师成为公司合伙人，是否是好主意？只要时间足够长，互联网一定会让我们这个行业设计师都成为公司合伙人。合伙人制是一个趋势。但，并不是所有的企业可以一下子就做到这一点。

设计师助理薪资由公司发和由设计师发，哪个好？我答，一般小装企，设计师助理工资由设计师发；大装企，一般由企业发。这也能看出，企业对设计师助理的掌控，某种程度说明企业规模大小。因此，没有哪个好哪个不好的说法，企业发展了，自然走到企业去培养设计师助理，负责设计师助理的职业规划。

最后，重复强调一下，装企首先要解决来单问题，只要单子足够多，设计师就好管理。

再谈设计师管理

公司因为发展需要，我在办公室面试了几名平面设计师。其中有一位来自南通的李小姐，聊的时间最长，我一直希望通过沟通，寻找她身上的一些性格上的东西，或者就是我最近常说的内在源动力够不够。

当下中国很多装修客户，实际上对家装设计师的专业要求并不高。说句不好听的，公寓房设计方案现在几乎能被设计软件替代，哪怕是别墅设计，要求也没那么高。一位大牌设计师告诉我，其实我们做设计师不难，大部分作品几乎没有原创，都是复制粘贴，一种欧式风格在这家卖了，在其他家也能卖。基本上，你会欧式，会现代简约，就能当设计师了，至于地中海，加几个蓝白瓷砖就行，真要有客户要求做中式，你不接这个活就好了。

刚入行，我一开始不相信，时间长了，我相信了。又过了一段时间，我又不相信了。不相信的原因是，我知道一个好的设计师，绝不是那位大牌设计师告诉我的，仅仅复制粘贴就行。能做到为装修业主的家量身定做，这才是功力。而从普通设计师到优秀设计师再到卓越设计师，其背后一定有很多努力、坚持和奋斗。在设计圈，很难有年纪轻轻，30多岁靠设计创意，就可以登上大师殿堂的人，因为这里面一定要有你对生活、对人生、对人性的领悟，你才上得去，这些都需要时间的沉淀。所以，一个卓越的设计师背后，一定有内在的源动力！

一个装企在选择或者管理一个设计师的时候，会有很多的考虑，本文说一下行业里关于设计师的分类。我们这个行业设计师的分类很乱，首席设计师大，还是设计总监大？主任设计师和主案设计师，哪个大？是主任一级设计师水平高，还是主任三级设计师水平高？

很多企业往往是设计总监大，首席设计师级别可能最低，要知道，在其他行业、其他领域，首席是最大的。我曾经在中国房地产策划行业开山鼻祖——王志纲工作室工作过，王老师最喜欢公司员工叫他首席，就是首席顾问的意思。

关于设计费收费，很多企业对设计师的考核有一条是，今年你完成多少产值，然后决定明年你定什么职位，属于什么样的设计师级别，再决定收多少设计费，这是很初级的分类方式。设计师水平是由产值决定的，甚至收多少设计费也是由产值决定的，这个很普遍。但，合理吗？

我们是不是应该回归到设计师的收费价格是由他的专业水准来决定的，是不是可以在公司内部有一个设计委员会，设计师职位经过专业测评后再来定什么级别。如果内心不能接受这些角度，就谈不上从内心去管理设计师，让设计师有一个新的内在源动力。

关于设计师的收入来源问题，我们认真分析一下。设计师的收入通常由设计费提成、施工提成和材料提成构成。我不会和你探讨几个点的业务提成问题，我谈的是管理原理。一般装企，和设计师谈设计费提成是公司和设计师各拿一半，有一部分是公司占大头，有一些企业是设计师占大头。哪一个更合理？分成比例取决于你怎么看待设计师的设计专业，我举双手赞成让设计师占大头。

关于设计师助理。设计师助理的工资由谁来发？一般中小装企，助理工资是由设计师发的，这个管理原理是，公司只认设计师，不承认助理是公司的人，连在编岗位都没有。换位思考一下，这些助理怎么想？他们心目中的老大是他的设计师，不是公司，这些设计师助理在你公司有职场成长空间吗？这个问题想过吗？走到管理本质，你才能触碰到看起来在行业司空见惯的东西，只有那些中小装企才有机会成为大公司，因为大公司的管理原理和你不一样。你不要讲你的管理难度，这个难度是你该克服的，你克服了，你的公司才能成长。

杭州良工装饰和哈尔滨鸣雀装饰总店的墙上，都有一个设计师成长规划图，清晰地告诉公司每个人的成长空间。我今天在哪里，我未来到哪里去。良工和鸣雀是最近几年成长很快的一家公司，从产值几千万到几亿只用了几年时间。一家中小装企成长的背后一定有这方面的原因。

再说一个行业都不愿意触碰的话题，很多企业不喜欢包装设计师。这些企业老板考虑的角度是，设计师是公司的，培养成大牌了，跑了怎么办，公司也岂不是白花钱了吗？老实说不打破这些想法，企业很难成长。为什么不可以包装设计师？为什么不可以为设计师做画册、拍照片、拍案例？为什么不可以在公司官网上，在展会上宣传这个设计师的特点和优点？那些大型装企不都是这么干的吗？设计师跑了，是企业没本事，企业做大了，还会有更厉害的设计师加入进来！

关于设计师的灰色收入。有多少企业老板是做全包的？做全包，卖主材，不是有不少毛利吗？为什么不做？一个根本原因就是企业掌控不了设计师。就是做了全包，主材占比也不高，对设计师在外面拿材料商回扣，只能睁一只眼闭一只眼。一个装企的成长，有时就是敢于对大牌设计师说不，对敢于违反公司规则的设计师进行斩立决。我知道许多大型装企成长的过程，就是老板心理变化的过程，当有一天老板挺直腰板，虽然短期内企业可能都会遇到重创，但是甩掉包袱，轻装上阵，就是一场涅槃。你的企业用了十几年都没有使年产值超过2000万元，用了很多老办法都没有根本奏效，是不是可以考虑触碰一下内心深处的东西？我绝不是站着说话不腰疼，我实战过，我也看过很多装企就是这样成长起来的！

考虑过设计师阵形吗？假设你的门店有10名设计师，你是否考虑过242阵形？我看到过很多小装企，阵形是19阵形，或者10阵形。19就是一个大牌设计师，他决定一个企业50%以上的产值，这种阵形很危险，所以你只能对这个睁一只眼闭一只眼。从另一种角度就是，反正我是做公寓房装修的，设计师水平都差不多，就是10阵形。想想，中国传统的管理哲学不就是平衡吗？连皇帝都是这样管理大臣的。分成两个小组，每组各有1名大牌设计师，2名中等水平，1名等待培养的，互相PK，也是互相制约。你是大牌，你敢动，但我还有另外一个小组，不怕你要大牌。

假如企业经常做展会，做小区，做咖啡沙龙，可以考虑多培养几个展会型设计师。装企做展会的本质是什么？展会是建立客户信任的，展会是给设计师一个追单的机会，所以展会最重要的指标就是拿下量房定金。因此一般专业好的设计师不适合谈展会，反而业务型会沟通的设计师适合开展会。笨的设计师，才在展会上和客户谈他们家房子怎么设计，聪明的设计师是在展会建立信任，讲公司怎么样，我过去做过的其他客户怎么样，重复一遍，是其他客户我怎么做的，千万别谈眼前的客户应该怎么做！因此，每个企业都要注重培养几个展会型设计师。

很多小装企会很奇怪，为什么大装企老是带着设计师到处旅游，这样花不少费用。大装企也是由小装企长大的，他们还是小装企的时候，就带着设计师到处学习。

下面提一个细节，关于如何制作设计师的视频名片。设计师是装企签单核心，每一次项目提报和面谈，设计师的形象是非常关键的。包装好的设计师在频道和能量上，首先会和客户建立一个对等、同频的关系，对等才能有效对话，更容易建立客户信任和信心。

设计师品牌出去了，公司品牌和影响力自然会提升。就像去参会的人，都希望知道一起与会的人级别如何，水平如何，等等。设计师作为设计领域专业选手，是具备与业主建立对等关系能力的，前提是需要塑造和包装。

设计师形象包装一般从以下几个角度进行。我的姓名是……记住好的名字解释能让客户记住你，印象深刻；我来自哪里（以往学习经历、游学经历、奖项、从业经历、目前公司概况）；我的作品、设计理念（完整拍摄一件到两件经典作品，细谈创作理念和思考角度，以及施工细节）。把客户带入你的思维深度，让客户全面理解你的设计宽度，整体下来一定会有一两个让客户信服的点。精美的视频画面展示，相当于向客户展示了多个样板设计空间。

设计师视频名片拍摄，也是从我是谁、来自哪里、我的作品、我与公司这四个角度展开。每个设计师都有自己独特的个人魅力和设计能力，但不一定都能很好地塑造自己。帮设计师拍一条视频名片，相当于给他一个工具，假如与客户见面之前双方就有一定的了解，那么见面沟通，会更容易成交。

高产值设计师是如何炼成的

大牌设计师是怎么炼成的？说大牌设计师还不够准确，准确说应该叫高产值的设计师是怎样炼成的，因为大牌不一定产值高，产值高的不一定是大牌设计师。成为一个高产值的设计师，背后一定有共同的规律。

产值高的设计师一定比产值低的设计师，付出的时间多，我们把这叫勤奋和努力，这是成为产值高的设计师的必要条件。这些产值高的设计师，没有周末，加上平常晚上加班，那么他比正常工作的人，一周多三天工作时间。世界上所有成功者的背后，都有无比的寂寞与坚持，产值高的设计师也是如此。

我这四年，每年都走访几百家装饰公司，发现任何一个在公司产值排名靠前的设计师，基本上都不是设计水平最高的，但往往是最努力、最勤奋的。设计水平高的，因为有专业，相对比较忽视努力，靠专业吃饭。产值高的设计师，内在有驱动力，对目标有一种执着的精神。找到这个规律，你就会感慨，世界是公平的。

产值高的设计师，长相一般都很普通。没有颜值，有时也是个好事，只能靠后天努力。长相普通，无害，对客户没有杀伤力，容易接近客户。中国家装行业女性设计师也有不少，身材好又漂亮的女设计师可能有一定的先天优势，但这个先天优势，同时又阻碍了她成为一个高产值设计师。装修对业主来说是一件人生大事，业主夫妻双方更关注专业，特别是对面这个设计师是否匹配，是否用心。

产值高的设计师，基本上有亲和力，沟通能力强。在一个公司听过一个段子：有一次，张设计师，男性，在和一个客户沟通，夏天，天比较热，张设计师从口袋里掏出一张餐巾纸，帮对面女性客户擦汗，注意，是额头，是脸，动作非常自然，没有任何扭捏。后来这个客户讲，当时她既震撼又感动，她感受到对面这个设计师把她当作好朋友，甚至说是像亲人一样看待，自然单子最后签了。不仅仅把客户当作上帝，而是亲人和朋友，更容易打动客户。

这个张设计师，多年来一直和我保持联系，在我朋友圈点赞，逢年过节给我单独发祝福信息。我相信，他绝不只给我一个人单独发，而是坚持很用心地给很多人发信息，和很多人保持长时间联系。

再讲一个案例：另外一家公司有个高姓设计师，一个客户一家老小在看完几个公司后，举棋不定不知道选哪家，然后女主人说，我们刚才讨论问题，再找另外一个公司设计师问问。电话打给高某，高某接下来和这家4口人都通了电话，不厌其烦地讲了2小时，这个女主人说，能不能麻烦你到我们家来一下，我们家还在开家庭会议。高某去了，一去就把单签了，成功理由除了专业，还有耐心，还有用心。客户不用见面，只靠电话沟通，就可以把一个别墅单给签了。这个案例再次说明，颜值没那么重要，同时说明，你是否用心，隔着电话客户也能感受到。

产值高的设计师不保守，周边会有一个设计师圈子，经常互相交流专业。你先付出，先利他，长时间坚持，别人感受到了，自然就会有回报，然后你周边的能量场越来越好。

产值高的设计师不挑单，销售部门派什么单给他，他都接，而且转化率很高，这样销售部门就愿意不断派单给他。产值高的设计师，每次出差游学，都会在当地买一些纪念品，回来时送给业务员、项目经理和领导。礼轻情意重，你每次都能想到别人。你在他心里，他心里有你。

产值高的设计师喜欢学习，不仅向前辈学，向书本学，向同事同行学，而且还经常走出去，参加各种培训课，参加各种论坛讲座，还经常看展会。世界上最大的家居展会——米兰展，他每年都去，一看三天。

产值高的设计师，喜欢旅游，到欧洲，去看经典法式，正宗托斯卡纳风格，她会告诉你凡尔赛宫和卢浮宫屋顶有什么区别。客户和她谈迪拜的帆船酒店，她会告诉你，她曾经自费在帆船酒店住过5天，然后给客户看自己拍的照片。我说的她，是一个真实案例。

这个她，长相很一般，有许多故事流传。去客户家量房，她会亲自去搬梯子，爬上二楼，屋内量，屋外尺寸也量。她经常旅游，不断到欧洲一些院校学习，每次回国都带回一堆国外设计书籍。这个她，80后女孩，每年几乎都是全公司产值第一名，然后每年上台领奖发言，都会说：“我很幸运，今年又拿第一名。”但我知道，在这个高手如云的公司拿第一名是多么的不容易，我明年还想拿第一名，请各位领导、各位伙伴，无论如何再帮帮我，给大家鞠躬了。曾经有一次大会，在舞台上，面对全公司所有设计师，我对她道歉，我说过去在公开场合叫你玉女是不对的，今后，我叫你女王！

产值高的设计师，不仅专业好，而且“功夫在诗外”。他会告诉你，你这个车尺寸多少，你们家车库应该如何修改；他会告诉你，古巴雪茄的储存方式；他会告诉你，你们家户外花园可以摆7种不同用途的椅子；他会告诉你，你的命理如何和你们家房子匹配，房子风水上如何调整会更好……

产值高的设计师，一般都比较谦逊和低调，一般不要大牌。公司所有人都比较喜欢他，和每个业务员都能打成一片。

产值高的设计师，和领导配合默契，领导叫干什么就干什么，哪怕忙，哪怕心里不愿意，也很少抱怨。这次亏一点，下次领导就会补偿。

产值高的设计师，能扎根一个企业很多年，只有长时间的坚守，才能熟悉公司，可以充分调动公司资源。

产值高的设计师，回头客很多，甚至做到基本上不用公司派单。有个丁姓设计师，她的客户曾经专门从外地开车到上海，给她送一副从国外带回来的眼镜。这个客户装修已经结束了，而且还介绍朋友客户给丁某。产值高的设计师，是客户把她当作朋友，主动送礼给设计师。

以上说了一些产值高的设计师的特质，这些共有的规律，成就了他们的成功。装企领导可以从这些角度，有意去引导设计师，培养设计师。如果是设计师朋友，看到这篇文章，希望对你有所启迪，在日后工作中，有意去培养这些特质。

四、人力经营

中国家装行业从业者众生相之装修工人和设计师

2006年，我接到一个电话，一个当时年产值2000万元的上海某装饰公司老板，打电话来说要做咨询，当他说是干家装的时候，我没听明白，追问一句，这下明白了，是装修。由这个项目，我从咨询顾问转身踏入家装行业。接到这个电话的第二天，我去了上海光大会展中心，那一天，这里举办家装展会。从这一天起，我开始真正接触中国家装行业从业者。

昨天在朋友圈看到一段话，大概意思是，人这一辈子能见到多少人，说过话的有多少人，最后真正走向亲密范畴的有多少人。中间有很多数字，我现在只记得头尾两个数字，人一辈子能见过600多万人，对这个数字我表示怀疑，感觉可能得有几千万人。能走到亲密阶段的只有250人，看到这个数字的时候，我内心不是怀疑，而是沉重与深思。真的？600多万人，最后只剩下250人？！

踏入家装行业13年，按照上述思路，我在想，自己到现在见过多少中国家装行业从业者？说过话的有多少？如果只是说见过，大概有10万人以上吧，说过话的，应该也有上万人吧，如果说面对面聊过10分钟以上的，应该有几千人吧。2015年，创办红树林平台，因为工作性质，举办过88场论坛，在全国到处走访调研，到处做培训，参加论坛。我应该是这个行业里见过家装行业从业者比较多的人。但是，我真的有能力，就凭这点样本量，就有资格去写《中国家装行业从业者众生相》吗？答案是没有，还是那一句话，愿意成为这个行业里，第一个在公开场合讨论这个话题的人，只为了让更多的行业从业者去思考。

上海浦东有个地方叫康桥，康桥有个万达广场，在万达广场周边有很多小饭店。如果你晚上去这些小饭店，你会发现这些正在吃饭喝酒的人，有许多人说着苏北话，或者准确说是泰州的兴化话。这些说着兴化话的人，大多是上海各家装修公司的项目经理、施工队长或者施工工人，当然有的就是一个小装修公司的老板。

他们中的一些人在10多年前来到上海，一个带一个，然后在康桥买房，老婆孩子接过来，扎根上海了。当我想聊中国家装行业从业者的众生相的时候，我脑海里首先跳出这个画面，这里是中国家装行业从业者的一个缩影，你想知道的上海家装行业奇闻逸事在这里都能听到。只要你有耐心，一个一个采访，你可以写出两本书，一本叫《上海家装行业发展史》，另一本叫《兴化家装行业发展史》。有个说法，说上海规模化的家装公司，一大半是兴化人开的，一小半是安徽安庆人开的。顺便说一下，兴化是江苏省泰州市下面一个县级市，兴化大约有10万以上的家装行业从业者，在上海工作生活。

10多年前，大家差不多，师傅带徒弟，从事的工种就是家装行业里常说的“水木泥瓦油”。因为没有多少家装公司能养得起产业工人，都是这家公司干点儿，然后到那家干点儿。从小工起步，到大工，有的成为小队长，除老婆小舅子侄儿外甥外，可能还有同村的邻居。有的做大了，开始成为项目经理，北方叫大工长。有的继续发展，自己开了装修公司，干了5年或8年，年产值还是几百万元，没有多大提升，但是利润越来越薄。偶尔有更出色的，年产值过千万，过亿，这些就是凤毛麟角了。

由于曾经在上海做过装修，我至少接触过3000名以上的兴化家装行业从业者，接触多了，我竟然能听懂大半兴化话。说起兴化装修从业者，惭愧的是，我接触兴化家装行业从业者10年了，给我最大的感触竟然是没有明显特征，你很难用“勤奋”“朴实”“干活认真”这样的词语来形容。历史上，管辖兴化的泰州属于扬州，在扬州城外有一个西汉广陵王汉墓，我曾经去过两次，这个博物馆的墙上标注广陵王曾经管辖的地盘，大约和今天的扬州加泰州的面积差不多大。广陵王“黄肠题凑”制式的恢宏汉墓，至少告诉我们，“腰缠十万贯，骑鹤下扬州”不是一种传说。

今天，你不能简单地用“富”或者“穷”，用“勤奋”或者“朴实”这样的词语来形容兴化装修人。我客观评述，试图真实还原我所知道的兴化装修人。兴化不能完全代表上海，不能完全代表全国，但是，我想说，中国家装行业从业者也决不能用简单的一两个词语来形容。你不能简单地说，很多装修工人是因为在家乡吃饭困难，然后来到城里，不得不从事这样的工种，甚至用带有歧义的词去说这些人是“农民工”。

我想说，装修工人和很多职业一样，同样只是一个职业，从业者可能多数来自农村，可能学历不高，但是千万不要把他们简单地理解为是一个低收入人群。客观地讲，装修是一个相对毛利比较高的行业，同时，装修行规造就这个行业从业者收入较高，要不然不会有这么多装修工人，时间不是很长，就可以在城里买车买房。

接下来，我先聊一下中国家装行业里的设计师。以前不知在哪看过一个资料，中国家装行业从业设计师大概有100万人，以中国15万家装企这个数字来衡量，一个装企平均7个设计师。这个数字是否准确不重要，但多少反映一个现实，中国10多万家年产值几百万元的中小微装企，确实一个公司没有几个设计师。

我大概也见过几千个设计师吧，面对这个人群，我有时在想他们是如何走向这个职业的。据说，世界上没有多少国家像中国这样，有室内设计师这个职业。国外，室内设计是和建筑设计相融合的。我经常听到这样的对话，有人问，请问你是做什么职业的？对面那个人常常说，我是做室内设计的，很少有设计师讲，我是一个装修设计师。为啥？因为在中国干装修，没有应有的社会地位与尊严，连很多设计师都觉得自己低人一等。

据说张国荣跳楼自杀前，见的最后一个朋友是一位设计师，他给张国荣做私宅设计。在香港，设计师和律师、医生一样具有同等社会地位。让中国设计师有地位有尊严，可能需要很多年的努力，需要各种因素，一方面需要社会更客观理性看待，一方面需要自身奋发图强。

我去东莞出差，和当地装修界朋友聊了一个事。我说，前几年，东莞一个设计师据说因为拿回扣，高得离谱的回扣，被装修客户打得不轻，这事在行业里传得沸沸扬扬，到底是真是假？当地朋友告诉我，这事是真的，只不过他可能运气不好，遇到一个冲动易怒的客户。这事不在东莞，也会在其他地方发生。我点头，这倒是真的。看起来是个极端个案，其实背后是隐藏在水下的行业普遍现象。

中国有不少装修设计师，并没有真正出身于大专院校室内设计专业，中国早先的设计师有两个奇怪的专业背景，一个叫工民建，另一个叫环境艺术（简称“环艺”）。比这个更差的是，中国有很多速成培训班，传授如何在15天里成为一个设计师。其实，就算是真正学习过室内设计专业，走到现实中的装修行业，这才刚刚开始。

从设计师助理开始起步，去量房，帮师傅画图打下手，晚上加班做CAD、做效果图。设计师助理可能是中国装修企业中，工作时间最长的一个工种。领悟快的，一两年出师，就可以独立操盘了。一般从两种风格入手，一个叫现代简约，另一个叫欧式。之所以是这两种风格，原因是前者简单，后者可复制粘贴的图纸案例很多，改改就能用。如果在这家公司没机会，就跳槽到另外一家小一点的装修公司，就可以做主案设计师了。

说一下设计师的职称。和装修行业很像的一个行业，是理发行业，理发行业职称，全国基本统一，水平最高的叫总监，差一点的叫主任。但，我走过那么多装修公司，谈到设计师，我经常会追问一句，贵公司水平最高的设计师叫总监，还是叫主任，还是叫主？因为每个城市每个公司都不太一样。职称在行业里都没有统一标准化，这是这个行业现状。

至今，还有很多中小装修公司设计师不拿设计费，或者如果客户在这个装企签署施工合同，就可以免设计费，这又是一个怪现象。设计师收入不是靠做设计，而是靠施工合同提成、靠材料提成活着。这种行规，导致设计师一定要签下施工合同，签下材料代购合同，这样装修公司才可以和你分成。所以，到这个年头了，我们还能经常看到微信朋友圈，有人转发《设计师为什么要收设计费？》之类的文章。设计师收设计费，靠专业活着不是天经地义的吗？但这个行业不是，其实很多装修业主在找装企装修前也不知道这一点，几家公司走下来就知道了。

装修行业有个潜规则，装企老板不能轻易从半包走向全包，因为不能动设计师的奶酪，因为设计师可能在一些建筑材料上拿10个点、15个点，甚至20个点以上的提成。从企业经营角度上说，装企老板能给设计师材料提成很难超过6个点，很多中等规模以上的公司，一般给设计师5个或3个点。15个点和5个点的落差，使装企老板在这一点上和设计师产生了基因上的对峙，所以行业里主流是半包公司，能走到全包整装的都不容易。一旦一个装企的车轮滚动几年，这个怪圈很难改变和扭转。不从半包起步，很难生存，度过生存期了，又很难改成全包，真是一个怪圈。

收入高的装修设计师，不仅专业要强，能摆平客户，取得客户信任，更重要的是要懂材料，懂这些材料在哪个卖场摆着，而且事先和材料商家谈好提成折扣。中国家装行业市场化程度要远远落后于建材行业，最初设计师也不会拿回扣，建材企业和建材经销商们因为竞争需要，教会了设计师拿回扣，然后自己搬起石头砸了自己的脚。水平厉害的设计师，进入这个行业，要不了多长时间，开始买车买房，然后一边继续拿着更多的回扣，一边让自己的内心越来越强大，从强迫到习惯再到自然。

最后说一点，中国家装行业从业者的项目经理和设计师，是两种完全不同类型的人，他们互相看对方是不一样的。设计师觉得自己专业，懂客户，项目经理来自农村，很土，情商不高；项目经理觉得自己更专业，更懂客户，城里的设计师娇惯，智商不高。两种完全不同类型、不同学历、不同成长经历、差异这么大的人，硬是安排在一个企业，一个项目工地上配合干活，这也是这个行业非常与众不同的地方。

最后，笔者还想加一句，未来不知多少年后，希望中国的装修设计师都能拿设计费，他们迟早有一天，只靠收设计费活着，这一天之所以能到来，是因为中国装修行业被解构了，设计归设计，材料归材料，施工归施工。

中国家装行业从业者众生相之业务员和老板

我在过往家装行业从业经历中，一直分管业务板块，从最初管电销业务员，到管小区开发业务人员，再到管网络营销业务员，也算是对这个领域有些经历和思考。

我于2006年进入家装行业，最早接触的业务员刚开始做电话营销。2006年以前，中国装企来单方式基本上靠人脉关系、上门客户，或者做报纸、杂志、电台和电视广告。数据库电话营销，大概在2006年开始席卷中国装修行业，先做的一批都尝到很多甜头。从此，电销模式成为绝大部分中国装修企业的重要营销模式。

因为有了电话营销，中国装企开始有销售部门，开始有业务员。标准模式是，5个到8个业务员，一人一台电话机，按照区域、楼盘，给每个业务员发名单，然后对每个业务员每天接通的电话次数进行管理和考核。装企很多业务员讲，打电话可以打到吐，这是真的，我亲眼看过。装企电销人员，女性比例占比7成以上，男生性格原因一般干不了这个活，如果坚持下来了，证明他们的内心都很强大。

各家装修公司给电销人员提成比例不一样，高的有5个点，低的1个点、2个点都有，实际上点数多少不重要，重要的是最终年收入多少。我见过厉害的电销人员，一个人靠打电话，产值2000万元以上，这家公司提成1个点，加上基本底薪，个人年收入20多万元。水平差的，很快被淘汰，淘汰比例应该是10个能存活1个吧。这是一个适者生存的职业，首先PK的不是电话沟通技巧，关键因素是心理是否强大，能否持之以恒。

电话营销，门槛低，基本上没有要求学历、行业经验、性别，甚至长相都无所谓，因为隔着电话看不见人。社会上有很多电话营销培训班，告诉你第一句话讲什么，一通说什么，二通说什么，如何排异议，电话什么时候打合适，等等。我知道这些简单的电话技巧，但是实际上电话营销最终PK的是电话名单鲜活程度。一个电话名单，如果是你第一家拿到，没有被骚扰过，那么一通接通率就比较高。但当这个电话名单多家装企都有了，就不值钱了，装修业主被骚扰得不胜其烦，根本没有机会让你往下说第二句话。

以前没有智能手机，还容易接通，现在被标注后就不容易了。一般来讲，一个三线城市，有20家装企有电话名单，每家装修公司有5个电销人员，那么这个装修业主被电话骚扰可能达数百次。在一二线城市，这个骚扰电话次数可能达到千次以上。我非常赞同国家打击电话营销，这种营销方式不人道，其实我们每个有手机的人，每天都被各种电话营销骚扰。

我曾经在中国电话营销最疯狂的成都，看到一些装企里，300名电话销售人员坐在一个大办公室里，人手一个电话机，场面壮观，打电话声音很嘈杂。2017年7月我再去成都，这些装企办公室里，一个电销人员都没有了。成都现在成为了中国装企做网销竞争最激烈的城市。

转型做网销，很多装企都不会，以前没用过，现在也不想学，这也是造成2018年很多装企产值下滑甚至倒闭的原因之一。装企网销人员和电销人员，人型不一样。网销人员技术含量更高一些，要懂很多网推基本知识，要会写文章，弄图片，要每天耐心研究搜索引擎后台。这样的变革，造成很多电销业务员大批失业。

有一部分电销业务人员转型做小区楼盘开发，从坐办公室打电话，到走出去跑小区，跑物业，跑房地产中介，同样面临挑战。这个岗位要求人要跑得勤快，要有一点情商，要会面对面沟通。我当年曾经带领过这样的团队，我们把这个职位叫外勤人员。外勤人员淘汰率要高于电销人员，如果电销是10个剩1个，那么外勤人员是15个、20个剩1个，这个要求更高了。很多装企的外勤人员，风里来雨里去，每个都晒得乌漆麻黑，真是辛苦。

去年，有一张图片在朋友圈广为流传，一个穿着西装白衬衫的小伙子，坐在马路边，一边吃包子一边哭，我深有同感，那可能就是我们装企的外勤业务员。不容易啊，中间吃的苦，受的累，特别是被拒绝的委屈，只有自己知道，真是心酸。

我现在写这篇文章的时候，过去我带过的手下，他们清晰又模糊的脸庞再次出现在我面前，各位兄弟姐妹，你们现在还好吗？可能现在你们已经不再做这个行业，散落在人群中了，无论如何，谢谢你们过去曾经和我并肩战斗，一起创造辉煌业绩。一个叫东东的兄弟，有一次表彰会，酒喝多了，当着那么多人的面，给我磕头。我怎么拉也拉不起来，当时，我和他互相磕头，旁边的人拉我们起来的时候，我们俩满脸都是泪水。（2019年3月27日，我在杭州星光大道修改这段文字，又是一阵唏嘘。）

还有一个和我同姓的兄弟，从业务员做起，业绩骄人，非常彪悍，做到业务经理，最后升为营销总监。去年某一天，他给我发微信，他说再也不干这个行业了，转型做微商。我问他为什么，他说，就是心里堵得慌，他看不惯家装行业这么低的客户满意度。他不想再骗人了！

说完业务员，接下来说装企老板。中国有15万家装企，1万亿元总产值，平均每家企业600万元年产值。实际情况是，中国绝大部分装企年产值就是几百万。因为，在中国广大的三四线城市，年产值过千万的，几乎就可以进入这个城市前几名。按照净利润8%到10%计算，中国装企老板平均年收入在20万元、30万元左右的占绝大多数。一个年收入20万元、30万元的人群，在中国三四线城市就是一个中高收入人群。

但是，转折一下，这个年收入在前几年有，这两年随着各种成本增加，装企老板的收入越来越低。我过去一直在上海做装修，办公室经历了从建材市场到马路边卷帘门到写字楼这样一个过程，但是，目前中国绝大部分装企，办公室还停留在建材市场周边的沿街商铺，这种扎堆现象很普遍。如果你到一个陌生城市，找装修企业，先找到这个城市的大型建材市场，然后方圆两公里范围内可能就有几十家到上百家装企不等。

中国绝大部分装企老板出身施工领域，从小工到大工再到包工头然后到项目经理到最后自己开公司当老板，所以每个城市的大型装企都是一个黄埔军校，这样一个到三个大企业在这个城市培养了大批装企老板，当然也是竞争对手。可能占比不到20%的装企老板，以前是做设计师，更少的一部分以前是做业务员，然后自己开装修公司。所以，当你说到中国装企老板的时候，基本上你可以推断他过去的经历。

每个人都喜欢干自己擅长的事情，这样经历的老板最喜欢最擅长的事情，就是跑工地，管施工。我曾经说过一个很武断但多少有点道理的话，一个年产值不超过千万元的装企，如果想突破1000万元，最重要的是这个装企老板不再跑工地！把重心转移到前端，抓来单营销，抓设计师签单转化，抓团队建设。可惜，这个道理很少有装企老板能靠自身领悟到，就是领悟到了，也很难转型。人喜欢待在舒适区里，做自己喜欢和擅长的事情。知道自己的不足已经很不容易了，再到下定决心改变并坚持去做，这个距离很远。

走的装修公司多了，我饶有趣味地发现，很多装企老板喜欢一款外型有点像宝马的宝骏730的车，是的，和宝马一样，也是730。这款车价格在七八万元左右，最主要的是这款车内部空间大，有七座，很适合拉材料。顺便说一下，如果真赚到钱了，装企老板喜欢买路虎，因为路虎外型比较彪悍生猛。所以，当你在建材市场附近，看到一个老板从宝骏车下来，斜挎一个小包，这样的人基本上是干装修或卖建材的。

如果给中国装企老板硬要做一个画像，除了刚才说的宝骏车外，我再说几个标签。中国装企老板大多就初中毕业，早睡早起，6点起床，晚上10点多睡觉。上午比较忙，跑工地，下午才有空回到公司。晚上7点左右下班，晚饭很少在家吃，喜欢在小区门口饭店找几个同行老乡喝点小酒，如果硬要说喝什么酒，一般是小瓶酒，比如小郎酒，比如劲酒，江小白那种不多。

这些老板40岁左右，夏天喜欢穿T恤衫，下身牛仔裤，冬天夹克衫。上网不多，一般通过手机看看今日头条，刷刷朋友圈、微信，偶尔看个电视剧和综艺节目。这样的老板，每天的日子单调简单重复，为家人老婆孩子挣了钱，自己享受的却不多。对于这些装企老板来说，一年只有一个节假日，那就是春节。

很多装企基本上都是家族企业，夫妻老婆店那种，老婆还要在工地干活，大一点的企业里，老婆管财务。管材料和管工程的基本上都是兄弟、姐夫、妹夫之类。这样的组织结构，让这类装企很容易起步和生存，但同样也容易制约企业发展。每个小装企做大的过程，都面临着外来职业经理人如何和家族成员融合的难题。

大概不到10%的老板，曾经走出过自己的城市，去参加各种培训，上的课程既有行业专业培训，偶尔也有关于心态和成功学之类。中国家装行业有几个讲师，讲了10年了，产值过千万的老板可能规模小的时候听过一到两次，大部分不会再听第三次，但是这样的培训讲师，有些号称中国家装行业教父的，从来不缺学员，因为总会有更多的小装企老板第一次踏进这样的课堂。这种课程的培训内容主要有两种，一个是心态和成功，另一个是如何打电话之类的技巧层面的东西。听这些“术”的技巧，刚听很有意思，但是这样的课程几乎不能让这些小装企老板，年产值从几百万升到几千万。因此上了这些课，还是改变不了命运。

影响一个小装企发展的根本原因，就是装企老板本身，这样的装企老板没有企业思维、运营思维，这样的老板不知道人和团队的重要性，很少做战略、品牌、文化、结构、流程的思考和完善，宁愿每天很辛苦地跑工地。我是一个爱说真话的人，这样的真话有时会让人不舒服。2015年，我开始做服务行业，一直坚持这样的观点：一个初中学历、天天跑工地的装企老板，想真正改变命运，就是要转换思维模式。

盘点一下装企人力资源

许多企业在做每年产值目标规划时，为完成这个产值目标，常常采用一种倒算的方法，来做人力资源规划。比如，为完成产值目标，业务部门需要多少业务人员；为签下这些来单，需要配置多少设计师；为完成这些签单交付，需要多少项目经理和施工队。

正常企业都是希望每年产值增长，除非你是这样考虑问题，我现在多少业务员，可以来多少单；有多少设计师，可以签多少单；有多少施工队，可以完成多少交付。这是一种原地踏步的想法，一般企业不会这样考虑。

有多少人，才能干多少事情，这是基本思路。许多企业管理者，当通过产值目标倒推算完人力资源后，通常都会有一个感慨，需要这么多人啊！是的，不仅需要这么多人，你还需要更多人，因为还要考虑人员不适合，不断淘汰的人数，通常业务岗位的人手配置，至少要是你计划人手的1.3倍。

还有一种思路，就是提高人效。我知道，中国家装行业平均人效是25万元，这里有三个补充说明，一是半包，二是这个人数含项目经理，三是一定规模企业。举个例子，一个装企如果2020年产值目标1000万元，那么这个企业的正常配置是40人。如果你的企业人效提高到30万元，那么企业配置33人就可以了。中国装企人效呈现一个上凸抛物线形状，产值规模小企业人效高，主要靠老板关系；到达中等规模后，人效达到最高点；接着规模继续扩大，人效又开始降低。

一个人离开一家企业，通常有三个主要原因，一是嫌钱少了，二是累了或者不开心了，三是遇到瓶颈了，想换个环境。以上三个主要原因爆发节点都是在年关。第一，一年下来，算算没挣多少钱，或者年终奖发少了，就会有离职之心。第二，忙了一年，尤其是到年底最忙的时候，内心会更容易疲惫，这时是人的心理最脆弱的时候，容易萌发跳槽之心。第三，在忙年度计划，看看明年要背负的产值目标，想想这个行业或者这个企业各项弱点与短板，发现明年也不容易升职加薪，就想换个企业，换个环境试试。

企业老板或者管理层，尤其要在年底的时候，要多观察和注意手下得力干将的状态和情绪，多沟通，多谈心，多排忧解难。要及时和得力干将沟通明年规划，感受对方反应，是否有畏难心态。还要及时和他沟通明年的工作重点，以及收入构成，让他感受到你的信心，感受到你在为他考虑，为实现明年产值目标，你可以支持他做什么，明确如果明年完成产值目标，他的收入会增加多少。

对于装修行业来说，以我的行业经验，一个企业最好的人力资源管理其实和人力资源没啥直接关系，最关键的是产值要持续增长。企业在发展，可以掩盖许多矛盾，可以让企业成员掩盖内心许多不快。只要企业在发展成长，现在很多都能忍，因为未来有希望。很多时候，人是为希望活着的。

减少核心骨干离职的其他措施是，做好企业文化，做好凝聚力。好的企业文化，可以让企业充满斗志，充满关爱。团队成员在一起开心愉快地工作，会弥补工作上的压力，减少对工资收入的不满。

每个企业里都有态度端正、努力干活的人，也有偷奸耍滑、混日子的员工。不单纯看业绩，不单纯看心态，另外还要看未来的成长性。简单推荐一个人力资源评测方法，比如市场业务人员，可以列一个表，有心态、经验、忠诚度、技能、成长性五个要素，每个要素给不同的权重，然后把所有业务人员罗列在内，给每个人打分，看最后综合得分最高的是谁，谁的分数在后面。每个企业在不同发展阶段的侧重点不同，每个企业看重的要素也不同，比如有的企业看重忠诚，有的企业看重经验，有的企业看重技能，每个企业要根据自己实际情况，给不同的权重系数。

家装行业创业实际上越来越难，大环境在发生变化，创业成本越来越高，同时期很难再冒出黑马，更难的是这匹黑马还能成为行业领袖。前不久，我见到一个离职创业的老朋友，我问他这一年下来怎么样？他说有产值有现金流，就是没有利润。创业，没有利润，那还开公司干啥？我问为什么没有利润？他给我细数了一堆最初没有预料到的隐形成本。所以，我基本上不赞同在这个时期在传统领域里创业，成功机会不大。那些想创业的人，请三思。没有做好充分的准备，没有团队，没有竞争力，还是老老实实在原来企业待着吧。

如果实在想创业，请在行业新领域里找到一个蓝海。蓝海是什么？软装、智能家居，某些独特切入点的互联网家装都可以。当然，别人去淘金，你卖水和牛仔裤其实是最好的选择。

接下来的话讲给那些老板。我理解许多老板为什么让这些职业经理人离开，有许多原因。工资高了，价值低了，倚老卖老了，妨碍新人加入了，不好相处了，等等。他们不是没有想到，这些人离开后，要么到竞争对手那里，要么就直接成为竞争对手。很多时候是不得已，有时候也是感情冲动。人不是不可以换，换的时候要想清楚结果才可以。

当然，除了换人之外，实际上还可以有其他选择。比如，让“老”人去开创新事业板块，或者是让新人去做，“老”人守业；也可以让“老”人内部创业，补充企业某些板块的短板，老板成为投资商。大多时候，这些对企业立下赫赫战功的人离职，都是企业损失，万不得已才这样做，这样做基本是下下策。

接下来的话说给那些想挖其他企业精英的老板。挖其他企业的人，也请三思。每个企业确实都有很大的文化差异，不是每个高管都可以在任何一个企业很好地活着，甚至继续产生较大价值。这样的高管存活下来并发挥价值的成功案例不多，我们经常看到的是，一旦一个人离开原企业，基本上几年内能跳槽好几家企业。

特别想说的是，千万不要大批量接纳另一家企业高管集体跳槽，这个成功概率更低，一旦不能存活，江湖口碑就坏了。虽然最初你诚心实意去接纳别人，但一定会有很多现实磨合原因，人请来了又很快走了，江湖人不会包容，只会有负面声音。挖人，要慎重；挖来了，请人走，更要慎重！

装企如何找人

我在公司人事经理正式上班的第一天和他沟通了一段时间，由此引发本文企业找人话题。首先，该人事经理是我通过猎头公司找来的，按照和猎头公司的合作协议，这笔费用花了几万元。各位伙伴，看到这句话，你内心是不是有些想法？企业找人，先把找人的人找来，有了他，你找人就容易得多。我并不赞同各位装企老板也请猎头公司找人事经理，而是希望各位的内心要有个观念：找到关键岗位上的优秀人才，是要付出代价的。比如核心岗位，请专业猎头公司帮你忙，花这点猎头费值得。

说到猎头了，就继续说这个话题。因为过去的从业经历，平均每隔一段时间，我就能接到一个猎头公司的电话。从某种角度说，我在和猎头公司沟通中，可以对请猎头公司的甲方企业有比较深入的了解。找过我的那些甲方装饰企业，我就不说了，基本上都是中国知名装企。和猎头打电话的次数多了，我发现规律了，每年春节前，一般12月、1月，我必定接到猎头公司电话，这是许多企业在确定第二年规划后，想在春节前后确定关键岗位人员。

一般找我的猎头公司不太了解我，而找我的甲方装饰企业老板一旦看到我的简历，就没有下文了。所以，很遗憾，我经常能接到一些知名装饰企业人力资源负责人的电话，或者视频沟通，但是，我从来没有通过猎头见过一个大企业老板。原因无他，基本上这些大型装企老板，我大多认识，或者对方知道我是谁。

这些话说完，那么就要问问那些和我电话沟通过的各大装企人力资源总监，你对中国家装行业人才库的掌握情况。中国西部一个装修公司，近几年成长很快的那家，我就不说名字了，据说这个企业的人力资源总监手中有2000个职业经理人才库，每年面试几百人。你问这个总监，中国哪个企业谁和谁，他都如数家珍。我不信，真问过他几个人的名字，他不但知道，还能告诉我一些背景资料。作为企业人力资源负责人，要对行业足够熟悉，积累人才库是必修课。

一个我正在咨询服务的某装饰企业老板，和我电话沟通人才问题。我们聊了一个话题，我说，我关注到行业内某知名职业经理人，在前晚朋友圈更新中，发现他又跳槽了！我的客户也注意到了。我们讨论了一下：这个说明什么问题？他为什么离开上家企业？为什么又到现在这个企业？这两家企业都是知名装饰企业。对于后一家装饰公司，我们都比较了解，竟然邀请这位完全和该企业职业经理人不一样类型的人加盟，说明这个企业人力资源的找人方向，在做重大调整。另外，我们也很惊讶，这位伙伴是行业知名的跳槽能手，在多个知名大装企工作过，这个企业应该知道。

中国家装行业20年来，诞生了大概30万家以上的装修公司，行业里有种说法，真正算是人才，在各家企业流动的职业经理人也就500人左右。找到适合自己企业的人才，首先要拥有这500人的人才库。人才往往不是招聘来的，是通过互相推荐来的。你找到500人中的一个，可能就会找到一串。但是，我们要看到，企业和企业之间，确实存在着水土不服的现象。定位低端的公司不容易适应定位高端的公司，做套餐的不会做半包，营销擅长的公司融入不了管理型的公司，等等，这个要特别注意。

其实，每个企业在找人的时候，内心都有一个框。人才没有好不好，更多的是适不适合这个框，适合了，进来；不适合，不要。

几乎每隔几天，就有某千万左右年产值的老板和我微信上说，帮我找人吧。

我问，找啥人？找高手！我常问，高手为啥去你的企业？他说，我给更多的钱。一般来说，高手的年薪比这些千万左右年产值的老板的年收入还高或者差不多，这是这一行业的特点。

如果仅仅给股权，那么这个高手为啥不自己开公司，而要这点股权？会有高手去这些中小规模公司装企，但比例真的不高，能去的背后原因一般有两条，一是你的人格魅力，二是看中这个企业平台上一些核心的与众不同的东西，需要这些东西往往是企业基因和文化。能让这些高手看到这些与众不同，需要花时间，长期的交往。你有这样的耐心吗？就像蔡崇信看中马云，而不是马云招聘了蔡崇信。

我建议，要么找猎头公司，交给专业的人帮你找高手。要么挖一个行业人脉广的高手，带来一串优秀人才。或者，通过长时间交往，去打动要挖的高手的心。以上，很多装企不会这样做。所以，我真诚建议，把自己培养成高手，把自己的老部下培养成高手。到最后你会发现，你找的人其实就是你自己，和你的老部下！

我前年再次创办一家新公司，我没有像雷军那样的能力和人格魅力，他创办小米的时候，通过半年时间，找了六个高手。我只找了两个，都是认识多年的老部下。和他们不需要工作磨合、性格磨合，他们都不是顶尖高手，但是我们三人有两个共同特点，学习能力强和性格坚韧。我们在一个家装行业相关的新领域里共同探索，我们通过猎头公司找专业人才，我们把公司开在人才扎堆的软件园，我们找到专业的人事经理，等等，这些做法都是在找人。

以上，都是寻找高手的一些方法和心态，关于普通员工的招聘方法，不在本文阐述之内。中国家装行业进入下半场，进入新家装时代，人才团队的重要性更加凸显。希望各位装企决策者，在搭建高品质团队上，多花时间多用心。

如何带团队

定战略，搭班子，带队伍，分好钱，这四条是一个老板最要关注的地方，其中第三条就是带队伍。本文从不同的角度，对这一问题做一下思考和梳理，供装企老板和管理者参考。

先说一个案例：很多年以前，我在红桃K工作，这是一个做保健品的企业，当年和三株口服液齐名。有一次，我的上级领导交给我一个城市，他问我，你将怎么干啊？我一口气讲了很多，怎么做营销，怎么开展会，怎么和经销商合作，等等。然后，领导对我说，我没听到你谈需要多少人，需要多少钱，要拿到什么结果。这是我职场生涯非常重要的一课，然后我就知道了，作为一个总经理，人、钱、目标是首先要考虑的。我刚才的发言，充其量就是一个营销副总的发言。

我是学管理科班出身，我现在早已忘掉当年课本上说的管理名词解释，依稀记得管理四要素是计划、组织、协调和控制。在20多年的职场生涯中，我慢慢有了自己的理解。对于一般管理人员而言，管理就是管好人，理好钱。到达中高级管理干部的级别，管理则是管好原则，理出思路。人和钱之类，是起码的要求，这是原则。在这些原则之外，要有自己的思路，要有创新思维。到达决策层的管理人员级别，管理就是一个词——平衡。下属各团队要平衡，管理干部之间要平衡，公司内和公司外要平衡，速度、效益和安全之间要平衡，等等，走到这一步就到了管理的高阶。

回到带团队这个话题，任何一个团队里都存在不同类型的人，每个人都有自

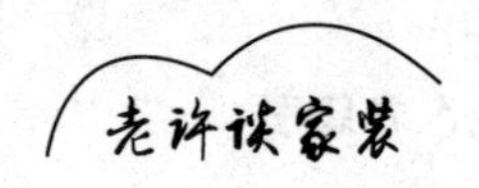

认为最重要的价值观，每个人都有自己的长项和短处，如何带好这个团队，核心思想是平衡。世间没有对错，只有利益，利益背后是公正与平衡。作为一个团队领导者，不能用自己的价值观、自己的喜好要求他人，而是要把团队利益、团队目标放在自己之上。做到这一点，很难，人习惯做自己喜欢的事情，喜欢和自己有一样价值观的人。

两个下属找过来说，领导，你给我们做一个裁判，我们俩谁对？往往，很多领导对这类事情处理的方法，就是按照自己认为对的来，或者支持那个自己喜欢的下属。实际上，还有更高明的带团队方法，就是在这两个下属的选择中，跳出来，找这两个方案的共同之处，它们是否有一个共同的目标。

森林里，鸡飞狗跳，猫捉老鼠，团队乱成一锅粥，如何带这个团队？有一个简单的方法，就是和这些动物讲，大灰狼要来了。确定一个目标，一致对外，这时的团队最团结。所以，一个团队管理者要找到大家共同的目标，让大家一起努力，团队内部矛盾自然消失。

从某种角度说，带团队，就是要带出一股精气神，带出激情，带出斗志。我喜欢看古代冷兵器时代的战争片。这边3万人，那边5万人，然后对决。罗马军团，我个人非常喜欢。罗马军团在战场上，从来不跑，就是按照阵形，打着鼓，不慌不忙，非常从容地一步一步往前逼近。这样的团队，让所有的对手都很有压力，有很强的压迫感。罗马军团历史上之所以战功显赫，和他们平时训练有素的操练有关。这样的团队，很有战斗力，他们内心强大，无比自信。

与此相类似的，还有蒙古军团。蒙古军团在西征欧洲大陆的时候，遇到很多劲敌，他们从来都不是排兵布阵往前冲，他们从来都是靠快速机动的战术。离得远，抛石头；离得近，开始射箭。从来不正面冲锋，都是迂回战术。不管对面有多少人马，蒙古人都是采用这种简单原始粗暴的打法，几乎从来没有败过。战术上，蒙古军团和罗马军团打法不一样，但是他们背后的核心是自信。可惜，历史上，蒙古军团和罗马军团从来没有正面交过手。

对于企业，从某种角度说，业绩增长和公司发展可以掩盖很多矛盾。看在达成目标的份儿上，看在高提成高收入的份儿上，团队成员都能自动调整。慈不掌兵，团队管理者不需要对团队某个成员负责，他主要的责任，就是让团队能拿到结果，让大部分人满意，让团队成员赚到很多钱。当一个团队不断拿到结果，这个团队就有战斗力。不要拘泥于一时的结果，要长期持续地拿结果。你每次都做到了，你个人就有威信，就有领导力，这个团队，就自信，每次都相信能拿到结果，然后，他们开始相信那句话——相信相信的力量。

企业员工和企业团队管理者的视角不同，掌握的背景信息不同，对事物的认知不同，他们的思维模式也不同，因此面对一些事情，不容易有相同的观点。团队管理者不需要过多解释，就是带头干，拿到结果。我参加过一次NLP领导力的课程，上了三天，过程有些模糊了，我目前记得最关键的一条是行胜于言，领导以身作则，冲锋陷阵，这就是最重要的领导力。与其纠结队伍不好带，不如多找自身的原因，带头干就行了，团队成员会自动调整，逐步跟上你的步伐。

我研究产值不是很高的装企，一般会呈现两种极端状态。要么核心骨干都是兄弟、小舅子等亲属构成，要么公司就自己一个领导，其他都是员工小兵。这是一个非常关键的问题，这样的核心团队，不容易做大。

我不反对亲属在公司里任职，甚至做高管。一个企业创办初期，亲属团结一条心，容易度过生存期，但是如果亲属跟不上企业发展，就会成为企业从生存期到发展期的阻碍，这个阻碍比那些非亲属创始高管还要大，因为毕竟有血缘关系。另外一个极端，就是公司就一个领导，自己啥都管，既管前端业务设计，又管后端工程材料，把自己给累死。

正常来说，一个公司一个领导直接管理下属最合适的数字是3到7，就是用5加减2，最多管7人。这样的下属人数，效率最高。各位老板，目前你管多少人？

管理没有层级，效率就不能提升。同样道理，老板管5个核心骨干，比如副总或总监或者助理，每个副总再管5到7个部门经理，每个部门经理管5到7个员工。如果超过这个数字，组织架构就要拆分，让每个管理干部最多管7个人。

这下明白了，带团队要有层级，要找核心骨干，比如有管前端的一个副总，管后端的一个副总，如果公司有一定规模，行政、人事、财务、客服再找一个副总。如果你能有三个这样的核心骨干，公司产值和效益就能上一个台阶。

核心骨干找好了，立两个规矩，第一个是责权利清晰，第二个是不越级上报，不轻易干预。什么叫责权利清晰，就是这个核心骨干的工作职责是什么，对什么结果负责，干成干不成的考核标准是什么，为达成这样的结果，他享有什么样的权利，干成干不成的奖惩措施是什么。明确责权利之后，作为老板，就不要轻易干预核心骨干的工作内容，不要插手，更不要越级上报。一层向一层负责，副总下面的经理或员工有问题直接找老板，如果老板给明确指示，那么这个副总就形同虚设。经常发生越级上报，会形成老板还是什么活都干，副总能力得不到提升。

没有不合适的员工，只有不会管理的领导。任何一个人都有价值，都有长项和缺点。按照每个员工的工作所长，把他放在合适的位置上，就能发挥他的价值。有一个著名的人事案例：西游记团队4人，唐僧就适合当领导，孙悟空就适合当先锋，猪八戒就适合搞气氛，沙僧就适合做后勤。如果把这4个人调换位置，这个团队就乱套了。这团队4人内心的价值观不同，唐僧靠信念靠价值观当领导，孙悟空靠七十二变降妖除魔吃饭，猪八戒是活宝帮助大师兄打妖怪，沙僧任劳任怨埋头做事。

带团队有两个核心关键，第一个是增加动力，第二个是化解阻力。如何增加动力？有两种办法，一个是让整个团队有士气有目标有文化，有士气有目标有文化的团队就不是团伙。确定企业文化，明确企业愿景、企业使命、企业价值观、行为准则等等，要知道企业立足根本是解决什么问题，这是企业使命；要知道企业目标和往哪里去，这是企业愿景；要知道企业遵循的基本理念是什么，这个是价值观；要知道在这个企业里，大家如何愉快高效地工作，这是行为准则。

增加动力的另一个方法是知人善任。人可以按照九型人格分成九种类型，每种类型的人，他们最看重的东西是不一样的。比如1号人格看重公正，2号人格看重爱，3号人格看重结果，等等，对待不同人格的下属，采用不同的管理方式，给到他们最想要的目标。一只兔子，老是用胡萝卜去钓鱼，最后让鱼忍无可忍。兔子喜欢吃胡萝卜，不代表鱼就喜欢吃。给3号人格明确目标，等他实现了，不断肯定他的成果，肯定他的价值。这就是知人，然后才能善任。九型人格是我认为比较好的了解人的一种工具，对管理者带团队很有帮助。有空，请一定要认真研读。

带团队的第二个核心，就是化解下属阻力。每个下属的阻力是不同的，要加以区分。有的下属是不知道做事的方法，作为领导要教会下属如何做，要给模板案例，甚至要先带头示范，让下属跟着学。有的下属阻力是人际关系，他老是不能和团队成员共同工作，帮助这个员工协调关系，协调好了，他的工作就顺畅了。有的下属阻力是正在面临职场天花板，不知道努力方向，这时领导要及时沟通，明确方向。下属阻力有很多，领导要及时发现，然后解决掉。

任何事情都是人做出来的，本文关于带团队的角度，希望给装企老板和管理者提供一些借鉴。

会议管理

很久以前，我看过一本书叫《恩波智业》，这本书的作者是“中原之行哪里去，郑州亚细亚”的策划王力先生，这本书对我影响很大，最终让我走上了智业咨询这个行业。书中提到，恩波公司对门是一个叫中信的公司，王力经常去中信串门，他有一个很大的感触，就是中信公司管理很特别，他们很注重表格管理和会议管理。请注意，这个时间是20世纪80年代。这句话，很多年以来一直印在我的脑海里，经过20多年的商场实战后，我更加认同这句话。

先说一个海尔经典案例：海尔张瑞敏说过，每天早上他到办公室最先处理的不是那些紧急又重要的事情，而是一个事情，哪怕是一件小事，只要是第三次出现在他的案头，他就要马上思考解决。因为，当一件事情第二、三次连续发生，说明海尔在流程上、在管理上有缺陷了，流程大于一切！

常听到这样一句话“制度管人，流程管事”。其实，替换一下也可以，会议管人，表格管事。如果一个企业不怎么开会，请允许我为你祷告一下，你的企业还在正常运转，真不容易。大部分企业常开的会议有月会、季会、年会，如果有必要，请加上日会，加上周会，还有专题会，最重要的是董事会和战略研讨会，下面一个一个阐述。

上个世纪80年代，海尔如日中天，许多企业到青岛海尔参观学习，海尔很多管理理论深刻影响了中国企业的管理进程，其中一个比较出名的是日清日结。就是每天早上开晨会，每天下班前开晚会。各位家装企业老板，如果公司规模不大，全员快速开一个晨会，是有必要的，让公司每个人都知道公司当下及其他部门同事在做什么，时间最好不要超过半小时。

如果企业有一定规模，超过20人、30人了，就开部门晨会，特别是业务部门，比如工程部、材料部、营销部，一定要每天开会。如果有必要，晚上也开总结会，比如营销部。每次开晨会的目的除了沟通信息外，就是检视每天每人的工作进程。

接下来说周会。周会一般是周一早上开的，总结上一周内容，安排本周工作计划。如果还没有开周会的企业，日会还可以拖，但请无论如何先考虑开周会。一个企业管理，如果从月度会议过渡到周会，这个企业管理的精细化程度，管理的有效性，就会大大提升！

月会大家经常开，就不再赘述了，只提醒一点，月度会议的主题是什么？如果月会是经营管理会议，那么性质就不一样，这个主题的会议侧重经营管理，而不是工作汇报。

到了季度会议，就有讲究了，尝试不把季度会议放在办公室开，移到一个宾馆酒店，最好是度假村之类的地方开会。规模再小的公司都要这样做，好处是让每个参会人员都能专心开会。

季度会议前，手机上交。再小的公司，开季度会议时，请无论如何都要过夜，第一天晚餐一定要喝酒，不要喝醉，微醺，晚上开交心会，这是难得的企业团队建设的好时间。如果条件允许，季度会议流程是，上午先到一个度假酒店，大家泡温泉、骑马、骑自行车等，做各种运动，打开心扉，调整状态，下午开始开会，晚上喝酒。第二天上午继续开会，下午，注意，第二天下午要开一个务虚会议，畅想企业未来，企业如何过2000万元，如何过5000万元，过1亿元，等等。你的公司季度会议是这样开的吗？琢磨一下这样的季度会议流程的好处。

年会就不说了，大家经常开，一个是企业管理年会，另外一个是企业全员年会。关于会议，再提醒一点，就是周会、月会、年会之前一定要有会议通知，明确会议流程，确认主持人是谁，讨论专题是什么，每个人都要在会前上交发言PPT。会中，要有“时间郎”，严格控制每个人的发言时间。要有专人做会议笔录，会后整理成会议纪要，发给每个参会人员，并且每人阅读后发表会议感想，并签字确认。

再说专题会议，比如交房交款专题会，设计部和工程部交底会，等等。一个企业如果天天想着业务问题而不想着发展问题，就会陷入生存怪圈里不能自拔。专题会议是重要而不紧急的事情，这样的专题会议是梳理流程制度，建设表格规章，这样的会议要常开，开得越多，企业越健康，越有发展动力。企业最重要的事情不是又紧急又重要的事情，是重要但不紧急的事情，比如我常说的企业文化、品牌、战略、流程等。同样装企最重要的事情不是业务、设计、施工、材料，而是文化、品牌、战略、流程。

最后说一下企业里最重要的董事会如何开。下面以三天的董事会流程作为范本。第一天上午，先确定会议原则、注意事项、会议议程等，然后是破冰环节，几个董事谈2019年总体感受，各自打分，思考丢失的分数在哪里；第一天下午，投影仪里看月度报告、客户档案及分析、财务数据，对2019年各方面工作做总结。第一天晚上，焦点放在组织架构，管理层干部讨论，特别是几位董事各自给对方提优缺点，董事之间交心很重要。

第二天上午，思考2020年战略规划，确定2020年公司6件大事，确定出一定要做什么和一定不做什么；下午，确定2020年产值目标，目标的各种分解方式，目标达成各种方法；晚上，做财务预算，核算人力资源投入节奏、各种费用测算、净利润推算等。最后，思考公司品牌和文化建设问题。

第三天上午，思考新的业务单元，确定公司新的定位；第三天下午，思考团队组建、各自分工和未来成长，以及股权和分红方案。最后，回顾总结会议三天的收获和感受。以上是常见董事会三天的议程和关键点，仅供参考。总结一下，董事会主要关注一年总结和来年规划，确定目标和年度大事，关注战略、文化、品牌和团队。

召开完董事会后，接下来要开年度战略研讨会，一般来说是公司经营层参与，包括公司各层级管理干部。规模小的企业，管理层都参加，规模大的企业，中、高管参与就可以了。年度战略研讨会承接的是董事会内容：董事会确定的目标，各公司各部门如何分解，如何达成；董事会确定的几项年度大事，各公司各部门如何达成，各自领到的任务以及完成办法。管理层将共同讨论一年总结，共同规划第二年，这里面，复杂的操作手法，一是确定会议议题，二是分组讨论和PK，三是总结归纳。

按照我过往开这样会议的经验，破冰环节，使大家敞开心扉，进入会议状态很重要。这样的会议，从某种角度说，人比事情重要，统一思想，超过一切。事情没有对和错，关键是参与会议的人一致认可。希望以上的建议，对各位装企老板和高层有借鉴意义和帮助。

五、客户服务

客户心理把握

先说一个话题，有一个广东同行看我朋友圈，知道我回到杭州，临时把机票改签，本来飞北京的，改成杭州落地，也没打招呼就直接上门来找我。上个月，他就多次联络我，我和他说，我这边挺忙的，我们先把要沟通的内容说好，这样彼此节省时间。

昨天他突然上门，带了不少礼物，他兴致勃勃，我说不好意思，你是没打招呼临时上门的，我这边时间都安排好了，那么我挤出时间，只聊半小时吧。说这句话的时候，我明显看到他很失望。是的，他临时改签，带了礼物，改变行程又耽误一天时间，他确实付出很多，但这是他的事情。我对他说，从对客户心理把握的角度讲，我不仅不领你的情，反而心里还不舒服，因为你这是道德绑架。各位同行，请体会一下这个角度，我们在和装修业主沟通中，是否有同样类似的事情发生？

我看过一些装企的培训课程，里面充斥着这种技巧，希望用自己的努力、诚意，甚至自残的方式，去道德绑架客户。可能，客户碍于情面，当时签单了，事后，他会在后期施工等环节，报复性反弹。

能量是守恒的，这边多了一点，另外一边一定会少一点。各位同行，你回想一下自己的企业，有没有这样的事情发生，你的企业员工给客户发的短信、微信，电话销售中，是不是也有这样的小技巧，看起来很感人，看起来很努力，很投入，其实你是在道德绑架客户！

举个例子：行业里有这样一种套路，给客户发短信，短信内容长达300字，很长，情真意切，就像福建那些外公卖茶叶的手法。其实，这些短信内容都是模板，今天用在这个客户上，明天用在那个客户上。初期，装修业主会被你打动，但装修一个房子对业主来说，是一件大事，这样的套路很单薄。

很多展会营销中，也有这样的技巧，先是把客户几乎是诱骗到台上，然后开始层层加码，让你在台上不好意思下来，只能答应，然后，你就签单了，你就达成目的了。客户也现场刷卡了，但是后期退单居高不下，这就是很多联盟、团购会、砍价会和总裁签售会上经常用的伎俩。这是恶性透支人性，丑恶！我很鄙视这种玩法!

不仅面对客户，面对材料供应商，甚至在签合同时，在供应商大会上，也时常发生这样的事情。只要答应了第一步，然后就有沉默和沉没双重成本，供应商们没办法，就跟着你往下走，逐步退让。虽然合作了，心里一直不爽，逮到机会，就会报复性反弹，甚至火山爆发。这种先诱骗，先用情感打动人，后期让客户难受的套路，不长久，不走心，让客户心里很不爽。

百度和谷歌走的不同道路，让我们学到，聪明可以学习，而善良可以选择！不要只图一时达成目标，要想到长远的未来。某个装企导入一个外来文化体系，该文化体系简单讲，就是打鸡血，让这个企业完成了年度本来完成不了的目标，但是第二年恶果开始凸显。首先，退单严重，信誉受影响，然后本身文化开始动摇，员工开始大面积离职。所以，导入一个饮鸩止渴的方法、技巧甚至文化的同时，要睿智地提前洞察：如果我导入，未来可能会有什么负面影响，不能只看眼前。

我们要相信，人的智商和情商是差不多的，很多精心策划的技巧方法，可以一时蒙蔽客户，但在以后长期服务过程中，客户会有察觉。最初，客户是心里不舒服，时间长了，他的智商就看穿了你的技巧。这就是为什么很多企业上了很多技巧性课程，短期内，业绩是有一点提升，但是再怎么努力，也不能做到从几百万提升到几千万。业绩产值提升不能靠这种小技巧，这会让企业主、让员工产生惰性，做任何事情，都想走捷径，而不是想着品质，想着客户满意度。

所有很容易得来的东西，都不容易长久，这是宇宙法则。只有通过努力，通过打牢基础，扎扎实实苦干得来的才能长久。作为一个企业管理者，我们不能偷懒，在签单的技巧上偷懒，会让你的员工下属在心理上偷懒，没有人想着怎么服务好客户，而是想着怎么忽悠。只做好来单、签单不行，装企特性是在做单这个环节，在施工材料、管理服务上服务好客户。

只有先做好难的，才能容易去面对容易的。做好流程，做好管理，做好施工，这些都比较难，但是把这些难的克服了，未来就越来越顺。做企业，服务好客户，都遵循先难后易，而不是先易后难。世界上没有捷径，如果有捷径，那就是一步一个脚印！

我和某装企高管一起吃饭沟通，听他们分管业务招商的王总，滔滔不绝讲了好长时间他们怎么做的。这家企业在招募加盟商的时候，很真实地告诉客户，本企业现状是什么样的，优点是什么，目前还有什么缺点，然后你有选择的权力。很奇怪的是，把优缺点都真实呈现的时候，反而获得许多加盟商的信任。面对装修业主，道理是一样的，虽然我们是干装修的，但不要太装。客户终究会识破你这些套路。

别老算计装修业主，老算计材料商，因为一个事情不能做到共赢，不能做到生态链上的共赢，就不容易做大、做长久。装修对客户来说，是人生一件大事。我们不要羡慕那些靠虚假广告，靠算计套路快速崛起的装企，他们起步可能很快，但衰落会更快。

客户心理分为人心、人性、人欲。人心是肉长的，人性本无善恶，人欲是正常的。“存天理，去人欲”是不符合自然规律的。内心允许客户有贪小便宜的心理，允许客户对你的企业有更多的要求，但是你不能觉得客户是刁民。多一些慈悲心，平静善良地看待这个世界，如果内心能接纳丑与恶，并能感化影响，功德无量。这是一辈子的修行！

很抱歉，本文没有写如何洞悉客户心理，然后牵着客户走的套路和技巧，但我告诉你，要敬畏客户，敬畏我们这个职业。真实自然地面对客户，用心服务好客户，客户看在眼里，记在心里。

如何用好客户经理

客户经理这个岗位，在一些大型装企存在很多年了，关于客户经理如何用好，也有不同的角度可以说。“客户经理责任制”是针对目前家装行业中，大多数企业客户前期洽谈阶段普遍采用的“设计师责任制”而提出的一种升级服务理念。它和原有的服务体系相比，有着本质的不同。原有客户售前阶段的服务程序，实质上是以设计师为中心的“设计师责任制”管理办法，而“客户经理责任制”是以客户经理替代设计师来完成客户商务洽谈的主要内容。

为什么要有客户经理这个岗位?

首先，随着家装市场成熟度不断提高，客户群体对于家庭装修的要求也日渐上升。这就要求装企要不断调整各种服务内容，来提高自己的服务水平，对装企来说，在客户服务的环节上，也需要走向专业化分工，有专门对应的岗位来分工服务。

其次，装企中设计师承担了太多的工作内容，这就导致，一是设计师权限过大，二是设计师效率不高，这让企业在管理设计师时存在管理难度。一般中小规模装企，设计师承担很多工作内容，包括接待沟通客户，做设计方案，签署合同，做预算报价，帮助客户选材，和工程部门沟通，修改设计方案，跑工地督促施工进程，等等。这样繁杂的工作事项，从某种角度说，让设计师的效率降低，服务不好客户。另外，在工作各个块面都和装修客户沟通，如果监督机制不完善，就存在着灰色地带和猫腻的可能。

推行“客户经理责任制”有一些工作难点，来自设计师的阻力最大。“设计师责任制”在行业由来以久，推行客户经理这个岗位，设计师群体的利益会受到触动。这就要求我们正确看待这种现象，当设计师和客户经理各司其职，相互分工和配合，虽然客户经理会分掉一些提成，但设计师最终的总收入不仅没有降低，反而会得到进一步的提高。同时设计师可以把更多的精力放在专业设计本身，使自身的专业能力得到迅速提高，所以首先要从改变观念做起。

增加客户经理这个岗位，其实质是对客户服务体系的流程进行再造和深化，其核心是客户价值的最大化，是围绕提高客户服务水平而展开的一项系统工程，这不是单纯地增加一个岗位的事情。因为有了客户经理这个岗位，才算真正把装企工作重心，从单纯的营销、签单和施工等，转向以“客户为中心”这个行业本质上来。

客户经理一般是女性，有家室、生育过的女性，30多岁，有一定人生阅历，待人接物知道分寸，沟通能力强，有亲和力，最好有一定的设计功底，比如设计师助理出身等。客户经理队伍的建设和管理，从以下几个方面着手：

（1）客户经理人员的引进。

（2）客户经理的岗前系统培训。

（3）客户经理制工作流程的确立。

（4）客户经理制工作流程的监督及考核。

下面大致说一下，一个客户经理的岗位职责和工作内容：

（1）接洽客户阶段。

客户经理主要工作内容是：门店参观，公司PPT介绍，了解客户需求，引荐设计师等等。

（2）量房阶段。

提前一天，提醒设计师安排相关配合人员，带好电脑、相机、测量工具等。量房时，进一步明确客户需求，介绍公司优点、特点，为下一步谈设计方案做好铺垫。

（3）设计阶段。

组织方案预演工作，接洽过程中与设计师配合，积极引导客户完成设计签约工作，关心、督促设计师各工作节点时间安排，从客户角度预演可能出现的问题，在约定客户见面前把工作做细。

（4）施工签约阶段。

提醒、督促设计师落实施工图与报价工作；提醒设计师落实相关配套人员的工作；预演可能面临的问题及采用何种应对方式；与设计师配合完成商务洽谈、施工签约等工作。

接着说一下客户经理和设计师的岗位配置，一般来说，一个客户经理配合3个到5个设计师的工作。比如一个企业有15个设计师，那么相对应的应该有3个客户经理，3个客户经理可以配置1个客户总监。平常由客户总监来决定派单。

客户经理评价考核指标中，最主要的是转化率，从对接客户到签施工合同的转化率。除此之外，客户经理还有客户调研、设计师评估、废单分析、客户跟踪等日常工作内容。

从目前中国已经配置客户经理的装企来看，客户经理的权限有三种类型：第一种是主要负责接洽客户，协助设计师进行商务工作；第二种是除第一种类型外，还享有派单权，由这个客户经理决定将客户派给哪个设计师，上面一种客户经理是普通工作人员，当客户经理享有派单权后，这个客户经理就是一个管理岗位；第三种，除了上述两种类型的权限外，客户经理还享有除来单、签单、派单外其他权限，相当于店长，是一个中高管级别干部。

如何用好客户经理？最核心的是赋予客户经理清晰的责权利。当一个装企增加客户经理岗位时，因为是新生事物，因为触碰了某些岗位的既得利益，会有各种声音和干扰，这就要求企业决策者内心坚定，全力支持客户经理的工作。

最后，再次强调，客户经理表面是提高工作效率，提高签单转化率，本质是提高客户满意度。因此，对于大部分没有客户经理岗位的企业来说，要下定决心招聘客户经理，用好客户经理。

如何做好客户接待

客户到公司店面，如何更好地接待客户，这是本篇文章要阐述的内容。首先，我们思考一个问题，客户第一次上门，最重要的是解决什么问题？除了公司介绍、增加信任感之外还有哪些是必须要做的？

回答一下，最主要是解决客户会不会第二次来的问题。这个回答，有点像脑筋急转弯，但是非常重要。除非你的企业一次就能把客户签下来，要不然先想想如何让客户有第二次来的理由。是因为你第一次和客户沟通了什么，让客户有第二次来的理由？关键是你和客户达成了一个契约，最好是书面的，比如量房委托书，比如收了订金，自信一点可以退，是订金，不是定金。

请不要让前台做客户接待人员，无论如何要在公司里安排个人，从头到尾和客户在一起，这样客户会有安全感、熟悉感，不要交接棒，前台把人请进来，安排在接待室，然后去找人，一会儿端茶倒水，一会儿安排不同人员在不同阶段进入接待室。请记住，一定要有个人，从头到尾都和客户在一起，哪怕说话不多。这个人可以是专职客户经理，没有这个岗位的，可以告诉客户这个人是客户经理，是专门为你服务的。

一般企业都是前台人员给客户倒水，常规的都是倒好茶水端进来，能不能改一下，准备一些有标签的精致茶叶罐，然后端到接待室，问客户："马总，您喜欢喝什么茶？这里有绿茶、铁观音和普洱。"当着客人面，用专业器具把茶叶倒进去，将第一遍水倒掉，然后将第二遍茶端给客户。你是否看到过有客人从头到尾都不喝你的茶水，因为你的茶水是一次性杯子泡的，鬼知道你刚才在茶水间，是不是直接用手抓了茶叶。这个花钱不多，准备几个罐子而已，感觉不一样。

你知道客户很喜欢上洗手间吗？从一个企业的洗手间管理，能看出这个企业的管理水准。上洗手间的过程，客户就顺便把你这个店办公室的整个状况看了一遍。当一家公司，连洗手间背景音乐和屋内气味都注意到的时候，客户会是什么感受？

客户登记表什么时候拿出来？许多装企客户接待标准里都提到，要在客户落座的时候，让客户先登记。请想一下客户感受，你愿意一开始就被要求填个表格，七大姑八大姨都搞明白吗？登记表能不能在中间的时候，背着客人填，然后提前交给设计师。重要问题、来自哪个楼盘等基本信息是口头问，而不是当客人面填写。

很多企业标准里提到，微笑时要露出8颗大牙，笑得好是西施，不会笑的就是东施了。劝说一些企业，不要让接待人员笑得太职业，更不要让接待人员画浓妆，一家人来的客户才是准客户，当一个长相有点困难的女主人，面对漂亮妹子，这个单好谈吗？

能否让设计师或者企业自己做一些客户案例，一摞放在接待室，另一摞由设计师助理抱着带进接待室。"马总，你们家这个小区，我公司做过几个，看看您家邻居什么样？当然，这只供您参考，您的设计方案，我们会根据您的要求和特点量身定做。”案例或者说邻居案例是神器——撒手锏，客户信这个。

第一次接待客户，要破冰，介绍公司特点、设计师牛在哪里等就不说了，请无论如何都不要在第一次就和客户谈很细节的客户家怎么设计，而是谈我们做过什么案子，当时怎么想的。客户的感受是，你还不了解我，你怎么就能给我扣帽子、贴标签？

第一次和客户沟通，主要为见第二次预留伏笔，一般都是量房。你们企业收量房订金吗？是订还是定？客户在乎300元、500元订金吗？我们知道，现在客户基本上都会去5~8家装修公司比较，你能保证客户去下一家公司，还会给你第二次机会吗？不把这个契约摁进客户心里，第一次客户接待就是失败。

动线设计是客户接待重中之重，最好的店面动线是回形结构，差一点是U形，再差一点是L形，最怕客户上下楼或者左边看看，右边看看，这是客户访问动线大忌。没有动线，就谈不上客户在进入店面后的很多环节设置。

业内动线设计和客户接待最棒的公司之一——尚层，请大家有空去参观学习一下，你仔细体会，会感受到尚层在动线设计和客户心理把握上，有很多用心之处。有空大家也去参观一下东易日盛旗下新原创店面设计，有许多突破创新，你会很惊讶地发现，新原创第一个接待环节竟然是看工艺。新原创店面还有一个大的突破是，虽然没有设置样板房，但是能让你看到家的神韵，看到新原创公司设计的“润物细无声”之处。我甚至有种感觉，新原创是否参照了宜家的某些理念，你走完一圈，会发现走了很远，一路看了很多东西。

一般小装企的客户接待，可以简单到只有几步，前台接客，然后把客人请到接待室，邀请设计师进来，没了。客户恍惚间对这个公司瞄了一眼，然后所有的体验就只能在那个接待室了。更糟糕的是，许多装企接待室，还放了一堆摆放不整齐且莫名其妙的材料。像尚层、星杰这样的公司，他们的接待流程可以有20多个环节。

把经常在公司办公的行政、设计师助理、客户经理座位，放在公司最前面，把业务员座位放在安静的角落里（好打电话），把施工人员座位放在最里面，把公司风景最好的位置做成客户接待室，等等。

请不要在墙上挂什么锦旗，而是放企业文化、客户案例、业务流程等展板。想一下客户的感受，把自己当作客户，在公司动线上走个18回，想着客户走到某个位置，他会看到什么，想到什么，然后把公司整个墙面统一规划一下，放上以下这些东西，下面说几个有杀伤力的道具。

当地名人、明星或知名企业家客户案例，名人客户证言是相当有杀伤力的。放上企业文化，对家的理解，笑脸墙（爱空间标准店门口都有），对幸福的理解……敢不敢把老板自己家的照片放上去，说说老板自己家是怎么设计的，不行换设计总监的家也行。

星杰墙上放的第一个展板，就是放老板、高管、公司普通员工各个家庭照片，接待人员走到这里的标准话术都是这样说的：这是我们星杰老板杨渊一家的照片，我们老板很自豪的一件事情，就是有三个孩子，而且是一个老婆生的。瞧，多好的话术，多么走心，客户听到马上感受不一样。

全家便利店、优衣库店面为什么给人感觉不一样，最重要的是灯光很强，在照明上用心。全家便利店照明亮度估计是一般便利店的3倍。许多装企店面，走进去都是灰蒙蒙的，本来就乱，而且看不清。

进了接待室，有条件的就是样板间，没条件的多放点高级智能影音系统，不要拿一本脏兮兮的企业画册给客户，然后什么都没了。拍个广告片，几万块钱就能搞定，我有关系做到这个价，这个钱要花。店面差，可以把自己工地拍得好一些，把公司形象通过广告宣传片做足。遗憾的是，绝大部分装企没有宣传片可看。看个片，客户坐下来，克服了最初的不安全感，这是一个很好的缓冲，两帮陌生人终于可以在一个空间里好好交流了。拍片！拍片！拍片！

许多企业没有企业简介PPT，或者有也就几页，形象也差，好的公司不仅有，而且有好多种版本，面对不同的客户讲解不同的PPT，这就是差距啊！有些企业给第一次上门客户看的PPT，大讲特讲材料工艺，让客户云里雾里。第一次上门，讲这些不合适。第一次上门，关键是卖公司形象，卖设计师，不是工程材料，会把客户吓着。

不要用不清晰的投影仪了，有格调的买个大苹果台式机。和客户坐在一张桌子旁，排排坐，看个苹果电脑，感觉很亲切，不要动不动就装，弄个大沙发，人和人隔老远，这个破冰多难啊。除非你是别墅客户，要装。

材料展示要么就做好一点、做大一点，要么就不做，弄个10平方米20平方米的地方，能放多少产品？很多企业，因为没人收拾打理，最初看这堆材料还挺漂亮的，时间长了，就是累赘，就是败笔。

要不要做样板间？爱空间样板间，你看过吗？只有3个，那是相当的厉害，对城市小白客户有很大的杀伤力，成功的不是硬装，是软装。恍惚间，这些小白客户就有代入感，以为眼前的爱空间样板间就是他家的模样了。我很少看到样板间做得成功的装企，有个企业一口气在上海做了99套样板间，两层楼，每个样板间材料清单相当清爽，有杀伤力吗？至少，开业到现在生意一般。

关于如何做好客户接待，最重要的是，向优秀同行学习，然后回家想自己是客户会有什么感受，尽力把自己企业的优势充分展示好。

如何做好客户满意度

家装企业本质上是具有制造业属性的服务行业，是人服务于人的行业，行业特性决定了客户满意度是工作重心。本篇文章和大家分享，作为一个装企，如何做好客户满意度。

许多装企没有独立的客服部门，所以做好客户满意度，请先设置客服部门，如果企业规模小，至少要有专职客服人员。装企，在必不可少的业务部、设计部、工程部、材料部、人事行政部和财务部之外，如果一定要加一个部门，我建议是客服部。因为装修行业属性决定，需要有专门部门和人员代表企业和客户打交道。

有规模的企业，在成立客服部的时候，条件允许的话，请设置售前、售中和售后以及维修部门。一般小的工程投诉，属于客服部的水电维修人员自己就可以解决，大的工程问题，才去找工程部。

企业有专门的客户投诉服务热线（最好是400电话），专人全天接听处理，建立24小时响应机制，一般问题，承诺72小时处理完毕。先受理，态度要好，再分析问题，接着处理解决问题。解决完客户问题后，再内部追责。很多企业，往往是有客户投诉了，部门之间相互扯皮，而不是先解决客户问题。

企业合同审批、备档最好在客服部门，而不是什么总经办、工程部等地方。请无论如何不要把客服部设立在工程部下面。一般来说，客服部上级主管领导是公司副总或总经理，不是工程部经理。

和客户签署施工合同的同时，要给客户一张客服卡，这个卡片上除了有400服务热线外，还要有高管或者老板手机号码，和客户特别说明，客人有想法或投诉，可以打这个老板手机号码。留老板手机号码，可以起到威慑作用。经常发生的场景是，接触装修客户的装企各部门人员，他们常对客户讲："有什么不满意的，尽管说，我们一定改，千万不要打我们老板手机。"

刚才提到客户档案要在客服部建立，要建立客户管理系统，有条件的上CRM（客户关系管理系统软件），这个有很多好处。专业对口，客服部统领客户一切相关问题，它代表企业和客户建立关系。同样，图纸审批、合同审批的权限也在客服部。

客服部增加一个考核指标，即回头客业绩。是的，客服部也是业务部门，在和客户沟通中，有很多商机，老客户有新的装修需求可以挖掘出来，同时老客户还可以带来新客户业务信息。企业考核什么，业绩产值就在哪里。回头客业绩，完全可以养活一个客服部！

客服部可以做很多事情，除了常见的电话回访之外，还可以按照施工节点（开工、水电前）和节假日、客户生日等发提醒和祝福短信、微信。好的企业，一个客服部，在客户整个装修服务过程中，发10多条提醒祝福短信。有客服部的企业，可以对照一下，你有多少个节点可以和客户互动，发了多少条信息。

建立客户满意度考核机制，有各种测评表格工具，这个比较复杂，可以讲很多管理表格，KPI指标随着企业发展也可以不断改变。讲两个特别的，第一个是客户投诉方面。只要发生投诉，先处理客户问题，先罚款（相关人员从上到下罚），然后再追责，也有可能搞明白了再退罚款金。第二个是内部投诉。业务部、设计部、工程部、材料部等部门之间可以互相投诉，这是互相监督、互相提升。

客服部是最好的调研部门，是客户信息最重要的收集调研分析部门。除了打电话、上门拜访之外，还可以定期开客户座谈会，倾听客户声音，开会的同时，邀请公司高管和各职能部门负责人参加。

客服部每月定期做客户管理报告，分析这段时间各部门客户满意度指数，客户投诉问题的焦点在哪里，出现什么新情况，改进措施是什么。特别提醒，把这个客户管理报告做成课件，在各种会议上，给全员做培训！

我浏览了中国一些知名装企网站，发现官网上有完整客户服务流程、价值观、标准、管理制度的很少，这些知名企业尚且如此，何况那些中小企业呢？我们这个行业，对客户价值、客户满意度的重视还远远不够。

先看一组数据，来说明提升客户满意度的重要性。96%的不满意客户不会向我们投诉；不满意的客户中，91%的客户不会再找我们装修；如果出现问题，解决结果差，90%的客户不会再选择我们；50%不满意的人会将不满告诉另外的10~20个人，被告知者中有13%的人会将这个坏消息继续告知另外10~20个人。这一组数据，是以前看到的，相信今天的互联网时代，数据可能比这个还要严重，通过QQ、微信、微博和朋友圈，这个数字很可怕，可以影响2500人。

再看另一组数据，满意的客户将给我们带来二次利润，得到满意服务的客户会将他们的经历告知2~5个人；当客户不满意时，若能及时弥补客户关系，80%的客户还会回来找我们做生意。开发一个新客户的成本是留住一个老客户成本的5倍！人就是这样，坏消息到处传，能传给10~20个人，但是好消息分享只传给2~5个人。因此，提升装企客户满意度，本质上是降低坏口碑的传播，其次才是好口碑让更多的人知道。

那么什么是客户？客户是谁？这是另一个终极思考！客户不傻，智商和情商不一定比你低；客户不是一个让我们和他争论或者较量智慧的对象；客户可以不选我们而选我们的竞争对手；客户可能比我们有钱，但不一定比我们专业；客户不一定不比我们专业，她老公可能就是干这一行的，或者她已经装修过4套房子了；客户有多种类型，允许客户喜欢或者不喜欢我们；客户来自各行各业，他在某一些方面的理解，比如管理，比如如何沟通可能比我们还专业……

各位伙伴，你的企业尝试过把客户分成很多类型吗？比如做过九型人格的培训吗？比如面对不同类型的人应该如何接待吗？世界是多元的，我们除了保持本真外，还要适应这些客户，除了迎合客户，还要会引导客户。

有关企业客服部，贴在墙上的关于客户满意度的标语是这样的：

1.客户服务不是口号。

2.客户服务不是一个人或某个部门的事。

3.客户服务不是单纯地跟客户搞好关系。

4.客户服务不是一切以客户的要求唯命是从 。

5.客户服务是最终创造价值利润的。

6.客户服务是主动积极、自动自发的。

7.客户服务是防火，不是救火。

8.客户服务可以将投诉客户变为回头客户。

9.客户服务的本质是用心！你用心了，客户是能感受到的。

客户服务价值观：

1. 客户并不依靠我们，我们必须依靠客户。

2. 客户不是让我们与之争论或者较量智慧的对象。

3. 我们1%的失误，对于客户而言，就是100%的损失。

4. 不要问客户给了我们什么，而是要问我们给了客户什么。

5. 客户的态度决定了我们的今天与明天，客户的态度取决于我们的服务 。

6. 寻找一个客户需要花费数月的时间，而失去一个客户却只需要几秒钟。

7. 我们为客户服务不是帮了客户的忙，是客户给我们机会，帮了我们的忙。

8. 客户之所以产生抱怨，是因为信赖我们，对我们的服务有着更高期待。

9. 倾听客户的诉说，通过行动来改变，而不是去说服客户。

10.衡量我们成功与否的重要标准，是我们让客户满意的程度。

装企未来的竞争就是客户满意度的竞争，是口碑的竞争。我们的行业，已经走到重视客户服务的时代，请从内心深处认同提升客户满意度的重要性，不是说在嘴上，挂在墙上，是刻在心里！最后，请记住，只要干了家装，干了这个人服务于人的行当，每天都是“3・15”！

如何提升客户签单环境

我这4年，在中国很多三四线城市调研，密集走访了几百个中小规模装企，一直在思考这些装企产值不能提升的原因。走访这些中小装企，我看到有很多可以提升的点，一个企业做大不是偶然的，同样，一个企业做不大也不是偶然的。一个大型装企，他们一定是从一个小装企逐步做大的，他们在成长的路上，想了很多方法，同时解决了很多问题，然后才逐渐发展成为大型装企。

在调研这些中小装企的时候，我有一个基本思路，如果我是一个客户，我会怎么看这家企业。这是一个简单的秘诀，各位同行，你不妨试试这个办法，站在客户立场看自己的企业，甚至不是自己一个人，而是召集公司骨干一起讨论：如果我是客户，我会怎么看、怎么想。

我看到一些装企，很喜欢用中式风格，本意是想凸显自己的设计水准。先不论这样做是否真的能让客户感觉到你这家公司设计水平很高，只谈一点，客户在官帽椅里正襟危坐，你觉得这个客户能坐多久？有的老板喜欢炫耀自己的红木办公桌椅，花了不少钱，但有没有想过，客户觉得你价值几十万元的办公桌和你这个小企业不匹配，老板乱花钱呢？本来想撑门面，效果是否适得其反？

有些装企，一进门习惯摆一堆促销礼品，那意思很清楚，你在我这个企业签单，门口这堆礼品你就可以挑一件。当然，签单产值越高，礼品越贵，就这意思。这个举动，说实话可以打动一些客户，但是会不会有些客户想，羊毛出在羊身上，这个礼品还是我来买单的，我们可不可以不玩套路，来点实的。促销礼品放展会上好了，为什么要摆在店里最显眼的进门位置？

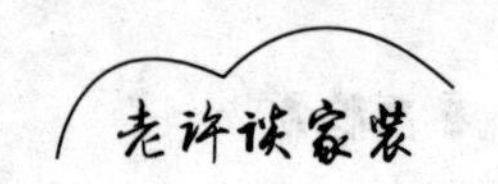

有些企业，所有的设计师都在一个个小房间里办公，本来店面面积就小，因为是封闭空间，显得空间就更小了。可能老板本意是要给设计师一个舒适的办公环境，不做开敞办公空间，原因是怕吵着这些设计师。如果实在这样想，可不可以把这些木板墙换成玻璃墙，让外面人能看到设计师。我强烈建议，小公司就不要做那么多单间了，总经理室和财务室可以有独立空间，其他的全部开敞办公。让客户一目了然，能看清你这家公司是什么样的。

同样的问题，有太多的装企根本不考虑客户行走动线，太多的企业办公格局是，左边一块，右边一块。客户来了以后，基本上是直接去会议室，至于这家公司另一边是什么样，来几次也不知道，而且这个企业从来没有人带客户参观过。

我听过很多企业把和客户谈判的地方叫会议室，这同样也是典型的“自己思维”，而不是“客户思维”。自己公司开会的空间叫会议室好不好，和客户见面的地方叫洽谈室，比较好的说法是VIP包间。VIP，客户听了是不是很舒服，我是VIP啊。

一些企业的VIP包间，喜欢摆放很多锦旗、奖状、奖杯。言外之意，你看，这么多客户给我送锦旗，我这个企业还是不错的。先不论这些锦旗里有多少是真实的，就算都是真的，客户看了有什么感受？能不能不要这么赤裸裸，放一些企业文化类东西是不是感觉更好？含蓄点，如果实在想显摆，放好看的奖杯吧，不要摆那种很老土的锦旗和奖状。

还有一些企业的VIP包间，喜欢堆很多材料，如果有收纳柜子，码放整齐还好，怕的是东堆一块，西堆一块，乱七八糟，下脚的地方都没有，材料和人抢空间，这就失去了VIP包间的首要功能是商务沟通的意义。

我看过一个奇葩的VIP包间，地面是玻璃的，下面一个个格子里还有灯光。不仅有灯光，还有水在流动，有鱼在游。看起来很漂亮，有设计感，有园林范儿，但想过客户的感受吗？客户坐在这个玻璃地面上，心里会舒坦吗？有安全感吗？会集中注意力和你沟通吗？他能坐多久？设计师在和客户沟通设计方案，客户却在看脚下刚游过去的鱼，咦，这鱼养得怎么这么肥，脚下玻璃是不是容易打开，可以喂食？这玻璃结不结实，坐时间长了，会不会掉下去？

VIP包间什么样？就是能让客户在这个空间里，舒适、放松，能坐多久就坐多久，因此当然要选那种柔软舒适的沙发，而不是硬邦邦的椅子，特别不能是玻璃桌子和塑料椅子！有很多装企的洽谈桌是玻璃的，客户的手放在这个玻璃桌上，冬天是什么感受？冷冰冰的玻璃桌子，冷冰冰的心，这能愉快谈单吗？

很多装企的墙上会放一些标语，比如“今天不努力工作，明天努力找工作”之类。客户看了什么感受？这个企业是不是离职率比较高？可不可以在墙上放一个设计师或者业务员晋升规划，让客户感觉，这家企业比较规范，为员工升迁都考虑得这么周全。

太多的装企喜欢把设计师照片放墙上，我不反对，只是看你挂在什么地方。把设计师照片在VIP包间墙上放一排，客户坐在那里，时不时地感觉墙上那么多眼睛盯着你，心里是不是很怪？嘴角有微笑还好，怕的是那种长相狰狞，表情怪异的，这影响签单啊！

最后，讲一个最重要的点，要让客户在你的店里能完整地看完走完，要有回形动线，客户一边走，一边有人陪同，讲解墙上的企业文化、设计流程、客户案例、施工管理等，整个动线的最后是VIP包间。行走的过程，就是一个破冰的过程，放下戒备心理，做好思想准备，这样进入VIP包间后，客户心里就放松很多。

以上所有的努力，就是站在客户立场，审视自己的办公空间，为客户签单营造一个好的环境。这样的环境有了，签单转化率就能提升！如果以上分享对你有启发，那么马上做，马上调整办公室的布局！

三四线城市装修业主画像

装修业主画像属于品牌建设，对提高签单转化率作用很大，这是一个重要的思考。你只有知道客户是谁，你才能针对性做广告宣传，做接待流程，做销售话术，才能提高转化率。

我在给甲方装修公司做咨询时，做的第一个事情，就是先了解这个装修公司，他的客户是谁。只有知道这个装企客户画像，才能展开后面的咨询工作。

谈一个装企的装修业主画像，我有许多办法，有许多专业咨询的手法，但是把这个放大到整个行业，就非常复杂了。这么多不同类型的装修业主，首先要把他们的共性找出来，非常难，需要做一个一个边界的框，做许多前提假设。面对这个挑战，我知难而上，只加了一个框，即中国三四线城市。这可能是中国家装行业第一次有人去挑战这个话题。

我之所以敢挑战这个话题，是因为我从业10多年中，一直关注装修业主的共性。在多年装企咨询服务时间里，我们系统地研究过十几个装企业主的案例。同时，我多年一直关注网销，网销后台给了我们很多数据统计，这也有一定的参考作用。即便如此，也请各位同行把本文当作一个思路的开拓，而不是把它作为一种定性的东西。如果硬要说这个共性的比例数字，我对装修业主共性的提取也只有20%~30%，虽然这么低，也是一个巨大的进步。

今天迈出这一小步，未来我和很多家装研究者会把这个共性描述得更精准，准确率会更高，那时可能就是40%的精准度。

感谢中国各个专业的站长统计类网站，他们一直在研究网络客户，而且给出了相对精准的答案。近两年，我一直在研究某派单平台后台，通过这些站长统计类工具，通过研究装修业主在这个派单平台的搜索关键词、浏览路径，我有一些心得体会。

常见站长工具，通过网络大数据方法，把人群分成以下一些比较粗的类别，比如商家会、美食爱好者、鞋包控、数码达人、旅行者、有型潮男、职场办公族和网络一族等。这些标签并不精准，但是多少给我们一些角度。

虽然美食爱好者和有型潮男，会有一些共性，比如有型潮男也会爱美食，美食爱好者可能穿着打扮也会新潮。但，他们在网络的浏览痕迹、浏览次数，会给我们启迪，直至给他们贴上标签。比如，在有型潮男和美食爱好者之间，他的网络搜索习惯，让我们知道网络背后这个IP，更偏重有型潮男这一类型。

接下来我开始描述中国三四线城市装修业主的共性。我先快速给出一个画像，某一类型的中国三四线城市的装修业主，年龄在25岁到35岁，85后到90后。第一次置业目的是婚房，买房的钱是通过夫妻双方工作几年的积累，加上双方父母的赞助，凑起来的，父母出了大部分首付，夫妻俩每月还贷。这个装修业主偏向现代简约风格，原因简单，没有那么多装修预算。这是基本面解读。

接下来对中国三四线城市装修业主进行日常生活解读。每天，他骑着电动车或开着单价10万元以下的轿车，大约用时15分钟，到达上班地点。他是一个普通公务员，或者是一个普通工矿企业的普通办事员，最多是部门经理。每天工作简单重复，工作相对比较轻松。一般准时下班，晚上喜欢看各种综艺节目或者电视剧，在此同时，他们会看今日头条或者刷抖音，有一部分是看趣头条。周末的时候，他会和初中或者高中同学打牌、喝酒。另外，在周末大量的时间会陪孩子上各种课外兴趣班。每年，在国庆或者春节的时候，他会带着家人外出旅游两次到三次，这个线路往往是5~6天。每隔一两个月，周末时间，他和家人会有周边游。

再上一个层面，解读这个装修业主内心的东西。这个装修业主是三四线城市里的普通人，人普通，生活普通，工作普通，每天每月每年过的日子差不多。他无力去改变现状，他的人生轨迹清晰，且没有太大的波折。他对装修风格并不清楚，内心倾向简单就好，他认为，装修不要耽误我太多的时间，让我少操心就好。他宁愿拿出时间去照顾同学感情和自己不多的业余爱好。他身边的人，有人已经开始买车，对他而言，先有个房子最重要，装修房子两三年后，他可能会买一辆10万元以下的家用车做代步工具。

装修一个家，对于这样的业主来说，是人生一件大事。基本上，这样的业主，一辈子可能都会住在这个房子里，很少有人还会第二次或者第三次置业。他没有在这个房子里出生长大，但会在这个房子里老去病逝。

这样的业主，对装修这件大事，知识储备一片空白。因此，在装修整个过程中，非常被动。大多数装修业主面对装修公司的心态是茫然，对设计师是盲从。在选择装企和设计师上，首先考虑的第一个要素是价格，其次是对方是否用心，是否沟通顺畅，最后才是规模大小。

各位同行，当我说完这些看起来很普通的画像后，你脑海里是不是冒出最近刚装修的张三和李四业主，在你的客户群中，有多少人有这样的共性？他们占了多大的比例？这样的画像只是第一步，我经过数年研究后，我会相对准确地告诉你，比如这样的业主是几号人格且占多大比例。

关于装修业主的研究，会是我一个长期坚持的课题。在不久的将来，我会告诉你更多的解读信息。

六、装企发展

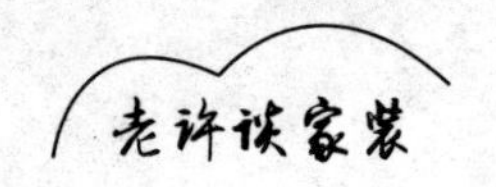

家装行业进入下半场

2018年前面20多年，是中国家装行业的黄金时代、白银时代，是上半场；2018年起，中国家装行业进入下半场——青铜时代。从2018年，这是一个历史拐点。

家装行业下半场，凸显六大特征：一是毛坯新房供应量越来越少；二是各种成本急剧上升；三是传统电销模式在走下坡路；四是跨行打劫的越来越多；五是行业集中度越来越高；六是新的商业模式层出不穷。

以上六大特征，在过往也曾经出现过，但没有像2018年的情况这么严重。属于大环境的原因是毛坯新房供应量减小，这个冲击最大；属于行业的原因是竞争对手越来越强大；属于企业内部的原因是成本上升和营销模式改变。

从2018年起，中国家装行业进入存量房时代，中国家装行业进入以服务为核心的新时代。有一个不争的行业事实，中国大部分家装企业会死在未来3年到5年，这个比例可能高达70%以上。中国17万家家装企业，可能会有12万家装企看不到2023年的太阳。

我们回顾一下中国家装行业20多年的变迁史，这个回顾的内核是装企核心元素变化带来装企经营模式的改变。20世纪90年代初，随着商品房的出现，中国开始有早期家装公司。家庭装修不再以各工厂的基建科为主，不再是亲戚朋友帮忙。中国各地的建材市场，开始有一种叫家装公司的企业出现。

早期家装公司最重要的一个元素，就是有专业的设计师和设计元素进入装企。马路游击队、朋友帮忙，是几乎没有设计图纸或设计方案的。设计元素介入，意味着装企经营模式从清包往半包转变的可能。只要有工程元素介入，只要有施工工人，装修活就能干。当有设计师拿着铅笔开始画图（早先没有CAD或者草图大师这样的绘图工具）时，装企便开始进入以设计师为主导的局面。先有工程元素，后有设计元素，这是一个顺序。

接下来进入装企的元素是材料。装企对装修业主说，黄沙、水泥、腻子、胶水等，价格不高又透明，不挣什么钱，我们装修公司包了；瓷砖、木地板你自己去买，那个贵。这标志着装企经营模式正式进入半包，当以设计师为主导将主材纳入装修预算时，标志着装企进入全包模式。从此，装企与材料厂商的博弈，装企老板与设计师、项目经理的博弈，拉开序幕。博弈顺畅的，装企、材料厂商、设计师三者共赢，博弈不成功的装企只能停留在半包阶段。

早先的装修公司，公司在建材市场办公，因为那里有装修业主客流量，坐等客户上门就可以。后来，营销元素开始介入，从报纸广告，到电话营销、展会营销、小区营销，再到网络营销，以上排序，基本上代表这些营销模式进入装企的顺序，网络营销是最后一个进入装企的营销模式。

以上我们分析了装企四个核心元素及进入的顺序是工程、设计、材料、营销，这些元素进入的顺序，基本上对应清包、半包和全包模式。最后一个进入装企的元素叫管理或者叫服务，当这个元素进入，对应的装企模式走向全案或者整装。

中国有很多名义上的整装公司，实际上是一个全包或者是全案公司。说一个大概比例，中国15万家装企，全案公司占比不到1%，真正整装公司比例不到0.5%。当我们看全案公司的时候，发现他们喜欢用一个说法：我们是一家全案服务公司。半包和全包公司不会这样说，这里体现了全案公司和半包、全包公司的差异，就是服务。全案或者整装公司把服务放在一个重要的位置。

以上这些推导和描述，标志着中国家装行业下半场进入以服务为核心的时代，意味着装企五大核心元素变迁并影响到经营模式的变化，意味着服务元素进入和装企迈向整装模式。

关于装企整装的未来，可以用一句话概况：整装模式是家装行业趋势，将成为主导和主流，但清包、半包和全包将长期并存。从工程、设计、材料、营销到服务，装企一路走来，这些变化的本质原因是，装修业主的需求和要求在变化，且越来越高。

当中国装修业主走向以90后甚至00后为主的时候，这些消费人群对装修这件事情，需要完整解决方案，对装企要求不再仅仅是画个图，贴个瓷砖这么简单，他们需要一个完整的家，可以拎包入住。

家装企业的产品思维

如果装企经营模式还停留在半包、全包，那么对应的核心原因是还没有把服务放在一个非常重要的位置。可能会有装企老板说，我们很重视服务，经常跑工地，注重客户口碑，这个内容是服务范畴，但是不是我所说的装企作为核心元素的那个服务呢？

简单讲，为什么全案公司、整装公司说自己是全案或整装服务模式，但半包公司却不说呢？我这里说的服务，不是简单地多跑工地、增加客服部加几个客服人员这么简单，而是企业骨子里认同服务价值，反映在装企的各个业务流程中，公司员工每个人都从心里认同，我们要从服务上为客户创造价值这样的理念。

经常听到整装公司讲产品，笔者心里模糊知道，他们讲的不是材料这类产品，但是到底什么是产品，不清楚。银行常讲理财产品，他们会给这个理财产品起个名字，然后讲这个产品有什么特点，等等，道理是一样的。

整装公司讲的产品，是指先对特定客户人群进行分析，对这样的客户群，有针对性地推出装修解决方案。家装公司好久没有听说哪家企业拿到投资了，最近行业里有一起大的融资事件。这家企业叫美窝，刚拿到7000万元的投资。美窝总部在杭州，他们只做杭州28岁到35岁人群，他们把这个人群叫“无印良品”人群。对应这样的人群，他们推出有针对性的装修解决方案。关于这个人群特征，我就不延展了。

从产品，从服务角度讲，这家装企是适应装修行业下半场的企业。很多家装企业是什么人群都做，家装和小工装，老的、少的，高端的、低端的，等等。这样的装企，就不适合行业下半场，会被淘汰。道理很简单，没有一个企业可以服务好所有的人群。客户定位越分散，越不精准，就越不能专注服务好客户。

有的客户群体只要价格便宜，做这个客户群实际上是容易的，比这难的是，有的客户群要性价比，又好又便宜像小米那样是难做的。有的客户群关注收纳，有的客户群关注环保，有的客户群关注施工质量，在某一个细分领域做透做扎实，反而会赢得更大的业绩。怕的是，老想着先活着，给钱就做，始终没有客户定位，始终没有在自己擅长的领域发力，始终不解决发展问题，这样的装企在行业下半场就容易倒闭。

我刚才说的细分人群、研究客户，实质是研究适合这样细分人群产品的出发点。产品是有生命力的，是有竞争力的，那些总是讲产品的装企同行，听了我今天这个角度的解说，是不是多少能理解一些了？表面是产品，背后是为特定细分人群更好地服务。同样干了5年、8年装修，有的企业年产值600万元，有的企业年产值6000万元，本质上是对装修的理解不一样，思维模式不一样，企业运营能力也就不一样。

装企老板工人出身的很多，为什么有些人天天活在生死线，有的却在当下严峻的大环境下，还能逆势成长。人要勇于走出舒适区，要不断尝试学习新东西，不断迭代。8年前，大家一同起步，做得好的装企老板跑工地越来越少，不断琢磨找人，完善业务流程，提高客户满意度；那些还没超过1000万元年产值的老板，每天工作内容还是跑工地。8年前跑工地，8年后还是每天跑工地，很辛苦，但没有提升。

产值增长，客户满意度提升，不是靠跑工地跑出来的，这样的装企老板，工作时间大部分是在工地上救火，从来不细想，为啥管了这么多年工地，工地问题还是层出不穷。跑工地，是这些老板熟悉的会干的活，这是舒适区。人走出舒适区，才能成长。辛苦，不代表有价值，不代表一定会有好的结果。

不解决发展问题，始终会只考虑生存问题。我讲课时，经常有老板会说，你讲这些东西有点虚，讲点实际的，比如电话怎么打，单子怎么签。关于电话怎么打，单子怎么签，这样的问题装企老板都想8年了，为啥还没给公司产值带来明显增长？

家装企业内心有产品思维，研究客户群体特征，提供对应解决方案，想想自己企业擅长做什么客户，企业能为这样的客户提供什么价值。只有认真想过，自己公司的核心竞争力是什么，我们企业下一个方向往哪里去，现在我要做什么，下半年要做什么，这样才能逐步迭代过去，企业才能成长。

天地和快速发展的秘诀

天地和可能是中国目前产值最大的整装企业，也是对中国家装企业冲击最大的品牌。行业里，没有人能准确说出天地和年产值到底有多少，行业普遍认可

2016年天地和产值至少在50亿元以上！坊间说法高的有，天地和可能在2017年产值过百亿元！

天地和几乎不和家装同行打交道，几乎不参加任何行业聚会。要想对这家神秘的行业黑马企业进行解密，我们先从描述它的套路开始。确定某城市后，天地和在其繁华地段开一个6000平方米以上的大店，然后提前一个半月，投放巨额广告费，电视、报纸、户外、电销、网销等全上，通过高额底薪和提成密集挖人。开业当天，附近城市天地和的人会过来帮忙，现场至少有500名以上天地和员工，一般当天签单600单甚至1000单以上。一个100平方米的房子，整装含30多件家具、10件家电，总价14万元左右。接着，不断增项，然后迟迟不能交付，开始出现大面积投诉。

店面大，广告多，增项狠，口碑差，这是天地和四大特点。天地和几乎没有设计师，他们的签单人员不叫设计师或者客户经理，分为三个岗位，叫谈单手、签单手、追单手。天地和一般有4个客户投诉接待室，一个是接待好说话的，一个是不好说话的，一个是很不好说话的，最后一个是有背景的，处理方式各有不同。

从某种角度说，中国家装行业是一个还不够市场化的行业，比如在营销手段上。一个其他行业的营销高手，选择同样的手段，可以在家装行业复制，就可以获得好的签单产值。设想一个场景，天地和创始团队，他们当初一定争论过，这样的打法能在家装行业复制吗？几年过去了，答案是肯定的。天地和这种适合快消品，适合保健品，适合莆田系的营销手法，同样在家装行业大放异彩。

认知再上一个维度，不是简单地批评，而是反思。一些同行对于这些上当受骗的装修业主，哀其不幸，怒其不争，认为一个愿打，一个愿挨，活该。不能单纯这样想，之所以保健品行业的营销手段能在家装行业复制，有一个核心原因，那就是装修是一个信息不对称的活，有一定的技术壁垒，业主对装修专业有恐惧心理。一个能大面积投入广告，一个在闹市区有大门面营业场所，一个信誓旦旦不满意就砸，一个高喊去除中间利润，所以价格才这么便宜的装企，还是能让一些普通百姓上当受骗的。

天地和的广告投放，解决了来单获客问题，接下来要解决签单。中国99%的装企，没有客户经理这个岗位。天地和不仅有客户经理，行业首创把客户经理拆成三个岗位：谈单手、签单手和追单手。天地和这种做法，让中国家装行业99%的装企老板汗颜。天地和能有这么多的客户，能签那么多的单不是偶然的，这个部分值得装修同行学习。

天地和为什么能那么高效地开店，那么快速地扩张，而且几乎每个城市开业都比较成功。如果硬要找原因，天地和解决了人才与模式批量复制的行业难题。这背后，有天地和对管理流程的高度重视，信息化工具（如ERP）的不断研发。天地和有两个了不起的创新，一是降低对设计师的依赖，二是产品深度开发。

天地和在2012年创办的时候，他们就思考产品套餐，一上手就是整装模式，这是行业难题，天地和是中国整装公司中把家具软装卖得最好的企业之一。另外，天地和降低对设计师的依赖，因为有了完善的产品套餐，因为有了强悍的客户经理，因为定位中低端公寓房，所以天地和轻松地跨过了设计师这个门槛。天地和没有严格意义上的设计师！

我们在批判天地和不良商业做法的同时，也要看到天地和的管理长处，看到天地和快速发展的秘诀。去其糟粕，取其精华，这样才是看待行业异类天地和的正确方式。

装企孤独漫长的必胜之路

方林装饰是沈阳乃至东北年产值最大的装企，经过19年的发展，方林装饰成为沈阳装饰行业龙头企业。方林集团2018年年产值可能过20亿元，在沈阳一个城市，家装产值可能过15亿元，可怕的是方林客单价在10万元左右，换句话说，方林可能在沈阳一个城市，一年开工1万个工地！

这个不是最可怕的，最可怕的是方林客户满意度还很高！最最可怕的是，方林老板和公司员工大多来自安徽，不是沈阳当地人！最最最可怕的是，方林的工程不发包，他们是自有产业工人！这是方林成功的第一个原因。

行业泰斗余静赣余工用了20多年的时间，一直想实现自有产业工人的梦想。据说，爱空间创始人陈炜曾经从广西山里找了1000名农民，专门请到北京进行职业化培训，最终的结局，是这1000名工人散落到了北京各个装企。自有产业工人是行业之痛，是行业之梦！

为什么这么多家装企业老板呼唤产业工人？背后的核心原因是，中国99%的装企工程管理模式是发包。为什么要发包？因为这个行业一开始就是这样的，因为养不起那么多施工工人，因为这个行业有淡旺季，因为家装企业如果养自有工人，可能就不会有好的现金流，可能要背负更多的管理责任，可能不会管那么多工人，可能净利润会大打折扣。因为你养了自有工人，可能会像爱空间那样为别人做嫁衣。

如果有自有产业工人，会有什么好处？如果有了，工程质量得到基本保障，交付时间得到保证，毛利和净利会算得清楚，设计师和施工人员的矛盾得到调和，施工人员流失及稳定性得到缓解，等等，特别是，装修业主口碑及客户满意度得到保证！如果有客户满意度，就意味着，企业回头客就会有很多，企业品牌美誉度就会加强，意味着企业做的时间越长就会越轻松，因为每一个工地都在为企业加分。

为什么中国众多装饰之乡，比如江苏苏北（泰州兴化）、江西九江（武宁）、浙江金华（东阳）、湖北黄冈、广东潮汕等地，他们也在全国到处开装修公司，特别是安徽安庆（桐城、怀宁）开到全国各地的装修公司也不少，但都不是自有产业工人，唯独以安庆怀宁人为主的方林、晋级、林凤和恒大等，在沈阳就可以实现？

2000年，木工出身的安徽安庆怀宁人王水林来到沈阳。当时的王水林和中国千万个行业从业者没有啥区别，稍微不同的是，和他一起到沈阳的安庆人特别多。我不知道为什么这些安庆人选择去遥远的沈阳。今天来看，可能存在着，既然这么远，不干出点啥就不回老家。其实，当年安庆人也去了上海、合肥、北京等地，唯独沈阳的安庆籍装企发扬光大。

最初在沈阳做装修的还有湖北人、江苏人，10多年过去了，基本上只剩下安庆人。安庆是中国历史重镇，濒临长江，离著名的徽商发源地歙县、宣州等地不远。这里，人杰地灵，诞生了“桐城学派”，是陈独秀、海子的故乡，也是中国著名帮派青帮的故乡。安庆的“庆”和“青”音相近。身聚“桐城派”和“青帮”两个矛盾基因的组合，造就了安庆人骨子里重文化、重情义的个性。我询问多个沈阳装企同行，他们都告诉我，安庆人有两大特点，一个是勤劳，另一个是隐忍。呵呵，每次听到“隐忍”两个字，我都会和对面那个人说，你知道安庆是青帮发源地吗？你知道太平天国时，中国最狠最善战的湘军在安庆攻防战打得有多苦吗？

早先在沈阳的安庆装修人，很团结，很吃苦，基本上不打架。10多年的努力，使安庆籍装企几乎垄断沈阳装修行业，他们还是不打架，但骨子里那股狠劲依然还在。王水林说话很谦逊，行事低调，在今天中国家装行业，方林和王水林知名度还不是很高。外界评价王水林，基本上第一句就是分钱够狠。

方林2018年开了两个外埠公司，一个是合肥，一个是武汉，并不算很成功。2019年1月21日，出差东北的我，偶然撞上方林年会，亲眼所见，一上午发了几千万奖金。尤其是方林合肥、武汉两个城市老总，获得一个惊喜，王水林奖励合肥公司400万元、武汉公司360万元奖金。这两个城市老总上台领奖金时，很不自然，这几百万奖金是用小推车推上舞台的。

第二个原因，方林施工组织结构比较特殊。方林没有传统意义上的工长，不存在发包转包，但财务核算，还是公司拿固定额，施工队拿剩余额这种方式。方林有工程中心，由监理来发单。施工队长带队伍到方林，打散后，按需分配，对应的管理部门是巡检负责考核。另外，方林重视场容形象，有专门的考核部门。方林组织结构相对复杂，互相监督，也造就了工程管理人员队伍相对较多，一方面保证了品质和交付，另一方面杜绝了行业常见的腐败滋生，坏处是提高了施工成本。

第三个原因，方林结算体系独特。对于项目经理结算，按年度来考核，这样保证项目经理队伍的稳定性，但对一线施工人员是半月结算一次，这又保证了施工人员的积极性。以上方林工程的核心竞争力，其他企业很难模仿，需要长时间孤独的坚守，不断积累，然后大成。方林在沈阳不断坚持、逐渐壮大的过程中，击垮了其他中小安庆籍装企，规模优势同时也树立了进入门槛，越来越多的安庆籍人加入方林。

王水林习惯晚睡早起，每天工作10多个小时。他每天早上5点前起床，以早上5点常发朋友圈做证。王水林早上和方林工人一起吃早餐，然后再去办公室，常年如此。2019年1月25日凌晨，王水林发了一条朋友圈，内容如下：世界上有一条很长很美的路，叫作梦想，还有一堵很高很硬的墙，叫作现实。翻越那堵墙，叫作坚持，推倒那堵墙，叫作突破。在人生的道路上，我们打破的不是现实，而是我们的思想、自己的观念。在人生的跑道上，战胜对手，只是赛场的赢家，战胜自己，才是命运的强者！加油！拼搏了，你才会知道自己多优秀！

我为王总这段话喝彩！

如果不是因为沈阳有这么多安庆老乡，如果不是因为王水林的铁腕管理，如果不是因为长时间的坚持，方林可能很难有今天这个成功局面。从某种角度说，如果你想学习方林和王水林，请做好思想准备。

对方林自身来说，离开沈阳大本营，同样面临困局，方林在沈阳的成功，无法短时间内在其他城市复制，需要长时间积累。但只要有交付品质，有客户满意度，方林这一套打法，也是一条必胜之路。

中国装修行业梦寐以求的自有工人，在方林实现了，并爆发了强大的竞争力。方林的成功案例，对更多想走上这条道路的装企来说，是榜样和表率。企业只有背负该有的责任，把施工工人养起来，克服淡旺季，克服管理难题，才能保证施工品质和客户满意度。

装企孤独漫长的必胜之路是：抓工地，抓交付，抓品质，抓口碑！

七、生死思考

家装企业死亡顺序

中国人不喜欢谈“死”这个话题，很避讳，外国人不是。我有一次去瑞士一个小镇，惊讶地发现，墓地和活人住的社区紧挨着，甚至可以说就在楼下。佛教对死有一个专用的词，叫“往生”，去往极乐世界的往生，死只是生的轮回。中国还有一个词，叫“向死而生”，意思是用一种不避讳死亡的方式活好每一天。

我先说一个结论性的观点，后面一一解释。家装行业下半场，装企死亡顺序是“小中大巨微”或“中小大巨微”。鉴于中国地大物博，各地情况不一样，以下说法只是一种参考。“小”指装企年产值在200万元到600万元的企业，“中”指600万元到3000万元，“大”指3000万元到5亿元，“巨”指5亿元以上的，“微”指年产值200万元以下。上面的说法没有绝对性，只为了行文描述方便。

年产值200万元到600万元的先死，接着是600万元到3000万元的，然后是3000万元到5亿元的，之后是5亿元以上的，最后是200万元以下的。这个顺序不是绝对的，反映出一些共性的东西，然后通过这个共性，我们思考为什么是这样。

家装行业大环境在变化，精装房了，不能电话营销了，各种成本都上涨了，都搞整装了，竞争对手越来越强了，等等，这两年变化真快，这个不细讲。最先死的不是微型装企，夫妻老婆店，几乎没成本，没店面房租，没营销费用，不养活设计师和施工工人，这些都是生命力顽强的“小强”。当然不代表一个不死，只是不是大家想象的那样会死得最早，很有可能是死得最晚的。

最先死的是几乎没有任何竞争力的小型装企。这些小型装企的特征是，营销几乎靠老板的人脉关系，就几个设计师，但不好管，动不动就跳槽。更要命的是，这样的企业，毛利不高，净利更低，很多时候活着是靠现金流。这些没有竞争力、没有抵抗力的装企正是我们周边的大多数装企，有时一个建材市场，或者周边写字楼能找到几十个，但关门的也最多最快。

年产值600万元到3000万元的中型装企，基本上已经成立3年、5年以上了，但是一直突破不了产值增长问题，有时候就算是前年产值800万元，去年1200万元，也是堆人数堆出来的，净利可能还是越来越低。这样的装企，基本上已经有电销人员，如果这个城市打击电话营销严重，或者精装房率比较高，或者当地来了一个整装大店，就会受到严重冲击。之所以活得比小装企长一点，就是因为现金流比较多，但撑不了两年。有时候，老板突然发疯要搞整装大店，砸钱多了，死的速度比小装企还快。这个没有绝对顺序，中型装企经营成本高，有时候死亡速度比小装企还快。中国这种类型装企死亡的一个普遍现象是内讧，几个合伙人面对大环境变化，意见不统一，或者核心高管自立门户。所以说以上死亡顺序，有时不是“小中大巨微”，很有可能是“中小大巨微”。

年产值3000万元到5亿元的装企，在三四线城市几乎是当地老大，在二线城市是知名企业，如果在中国15万家装企里硬要排座次，可以进入前3000名。这样的企业，基本上已经成熟，各部门和业务流程已经基本完整，抗风险能力已经比较强。目前，中国这类企业最难的是没有单子，电销基本失灵，小区营销又重新拾起，成本很高，网销还不是很娴熟。

死亡顺序名单里，最后上榜的是巨型装企，年产值5亿元以上的。苹果、美得你、一号家居网、我爱我家等跑路事件，过去很少发生，未来也不会很多，不会成为普遍现象，但是不代表这样的企业不会死。以前靠创始团队能力，靠魄力和运气，靠敢砸广告、使劲分钱等手段，在大城市，或者多个二线城市，是有机会冲到5亿元年产值以上的，今后这个概率会越来越低。行业里再也不会出现大型装企黑马，能出现的都是跨行打劫的。

家装企业的10种死法

2018年10月，万科在开季度会议的时候，在会场主屏幕上放了三个大字——“活下去”，该照片出来后，刷爆朋友圈。一个年产值目标要达成6000亿元的知名房地产企业，如此悲壮，让其他企业情何以堪！我们不相信万科到了活不下去的时候，但是背后释放的信号是，万科困难了，他们是危机爆棚。中国有句古话，叫“向死而生”，意思是，在想好可能怎么死的情况下，活好当下。

2015年以前，中国家装行业形势一片大好，那时行业里有许多年年复合增长率保持在50%以上的企业，核心原因主要是大环境好，其次才是企业本身竞争力。前几年，行业平均增速在25%以上，所以大部分装企只要跑赢行业平均水平，就能快速发展。2015年是一个分水岭，行业增速下降，不完全是互联网家装或者后来整装带来的影响，核心原因还是大环境变差。2017年下半年到2018年上半年，许多规模化装企还能保持同比增长的，就是优秀企业。2017年以前，在行业谈“活下去”是个笑话，2018年说“我们怎么活下去”是日常话题。

中国可能会有四分之一的装企死在2019年。第一波死亡时间是2019年1月、2月，要过年关，要付各种钱，这一关过不去。第二波死亡时间是7月、8月，3月、4月旺季带来不多的单子，又撑了几个月，然后进入夏天淡季，实在撑不下去了。第三波死亡时间集中在11月、12月，行业再无“金九银十”，内心崩溃，死在2019年冬天。对装企死亡前各个阶段心态做一个梳理，这种从将死到真正死去的过程思考，同样有价值。

据说癌症等重症患者，死亡过程中的心理变化是这样的：第一阶段是不相信，怎么可能是我得癌症；第二阶段是愤愤不平，为什么是我？我这么努力，人品这么好，老天不长眼，等等；第三阶段是各种不甘心，各种自救，比如吃偏方，练气功等；第四阶段是平静和接受，理性面对死亡，相对安详地死去。

行业大势不好，装企通病是不关注净利润，当有一天发现没单，现金流进来缓慢后，装企老板不相信过去多年的积累，这一关会过不去，会拿出几年前遇到什么危机，怎么过去的来忽悠自己，忽悠团队。第一阶段是不相信，各家企业情况不同，有的企业，可能至死都不相信会死在2019年。当发现周边装企死的越来越多，开始明白这次要轮到自己了，开始进入第二阶段。

第二阶段是愤怒，自责，有情绪。首先，理性老板会自责，很深的自责，过去为什么自己不够努力，为什么错过那些好的战略机会，为什么不多分点钱，为什么早不干网销，非要在电销这条道路上等死，为什么不组建市场团队，等等。其次，是对团队成员愤怒，为什么大家不努力，天天混日子，企业出现这样的危机了，也不投入自救……

第三阶段是各种不甘心，开始各种自救。以前没干过的事情，开始冒进，比如开大店、做整装、做套餐，能力不够，反而加速死亡过程。不断砸钱，开大展会，使劲做促销，结果反响平平。死前，不拼一把，总是不甘心，人之常情。

第四阶段是平静。各种折腾和自救搞完了，然后平静地等待和接受死亡。这个阶段，“人之将死，其言也善”。开始接受一切都是最好的安排，开始理性反思，曾经做过什么错事，错失过什么机会。开始感恩生命的美好，开始珍惜最后的时光。

很少有真正要死的人和企业会跨越这些阶段，死亡过程中的心理路径是一样的，这种梳理，是要给那些还有可能不会死的企业更大的警醒。企业和人一样，注定要死去，向死而生，以终为始，活好当下，珍惜当下。希望真正死去那一天，内心平静和不悔。

关于家装企业是怎么死的，我们看一下家装企业的10种死法。

（1）饿死。装企没单了，毛坯房供应量在一些城市，呈现断崖式下滑，一方面是精装房多了，另一方面是毛坯新房少了。没单了，就没有后面设计师的签单，更没有后面工程部门的施工交付。

（2）撑死。和饿死的相比，有些装企靠使劲砸广告砸出一些单子，单子是有了，但后期交付出问题了。不能按期交付，或者急于赶工，让客户满意度下降，更可怕的是资金周转不灵，进入一种恶性循环。“朱门酒肉臭，路有冻死骨。”饿死的和撑死的，互相羡慕对方。

（3）分家。行业大势不好，企业几个创始人就有不同看法，有人说不改革就是等死，有人说改了就是找死。形势恶化几个月后，企业创始人分道扬镳，各自按各自想法干了。企业竞争力本来就不强，一分家，元气大伤。分成两家或者三家的，大家日子都不好过。

（4）左倾冒进。心里想着不改变就是等死的，贸然进入不熟悉领域，比如说行业大势是整装，强行把企业从半包跳过全包，直接干整装。本来银子就不多，又投进几百万，开大店，整材料，最后加速死亡。

（5）温水煮死的。心里想改了就是找死，看着那个改革的兄弟企业，一开始风风火火，还有点后悔羡慕，等过两个月，发现兄弟那个整装大店，没有生意，吓得更不敢动了。守着不多的流水，每月进项越来越少，最后死在温水锅里。

（6）被行业不正当竞争搞死。形势不好，一些装企又开始玩坑蒙拐骗，100平方米装修只要2.8万元，低价把业主骗进来，然后不断增项。你跟，违背良心；不跟，单子都被别人签了。

（7）被恶意业主弄死。装修是一个链条很长的系统工程，硬要找毛病，到处都是。运气不好的企业，遇到有权有势或者死缠烂打的恶意业主，不断维权打官司，赔钱是小事，企业不能正常经营，客户一闹，好不容易开发的一个重点小区就毁了。现在，一个城市还能有几个重点毛坯房小区啊！

（8）被有关政策害死。如果真正实行营改增，每笔装修业务都要开票，许多本来就没啥净利的装企就会倒闭。如果实行新的个人所得税政策，据说要增加企业6个点的净利支出，同样会倒掉一些没啥净利润率的装企。

（9）被媒体害死。中国总有一些不良媒体，不良记者，喜欢趁火打劫。本来企业就很难了，利用一件小事，打着维护消费者权益的旗号，敲诈勒索。

（10）挤兑死。装企之所以能长久维持，核心原因是有现金流，挪用后面的现金，填现在的窟窿。企业正常发展还好，一旦企业形势恶化，链条上的各种环节同时来要钱，比如材料商和包工头一起来闹，那么装企就会被挤兑死。

我们分析家装企业10种死法，目的是让我们好好活下去，避免上述原因死亡。当然，除了上述10种死法，还有其他原因导致企业死亡，本文不再赘述。

从财务角度看装企倒闭

中国装企基本上都是财务不健全，很少有非常专业的财务经理和总监。装修行业现金流很好，先拿装修业主的定金，然后再开工花钱，等到房子交付了，拖几个月账期，再和材料商和施工队进行结算。先拿钱，后干活；干完后，再给钱，这就造成装企老板容易忽视企业真正盈利状况。

中国装企许多老板，长久以来，会被签单产值，就是受所谓的现金流蒙蔽，账上一直有钱，很少有人认真计算过，每单到底赚不赚钱。虽然账上有钱，企业一直在运转，但如果净利润为负，实质是拿后面的签单产值填补前面的亏损。只要企业一直有单，一直在忙碌，这个窟窿就不会爆发，但是一旦有一天，签单不畅，或者发生挤兑现象，现金流出现危机，那么就会爆发恶性事件。

做企业，表面是现金流，本质是净利润，核心是资金周转速度和效率（人效、坪效等）。装企也是企业，做企业不是看账面产值（更不提装企签单产值）有多少，而是关注企业经营利润。利润，是一个企业运营的本质。

如何提高净利润？核心是提高效率，提高资金周转效率，提高人效，提高坪效，等等。盲目开大店是没用的，装企老板要计算，我的大店每平方米每天能为我产生多少产值，甚至是净利润。中国装企产值做大的方法，通常都是靠加人加营业面积加材料品类（加主材加软装加家电等）做大的，但是，把企业产值除以员工人数，可以计算一下，这个人效今年和去年相比，有没有提高。人效和坪效，是考量一个企业管理能力的关键。提供人效的关键，是流程标准，是信息化，是团队建设，是企业文化和执行力。

近几年行业知名传统装企不断倒闭，让我们意识到，原来做了10年、20年的大型装企也会倒闭。下面从财务角度，我们分析这些装企为什么会倒闭？

我们做一个简单的财务基本知识普及，我们常说，财务有三张表，现金流表、利润表和资产负债表。财务这三张表，是审视一个企业的法眼，每张表有不同角度，缺少任何一表都不足以准确评估企业实际经营状况和自身经营风险。资产负债表通俗讲就是一家企业目前拥有多少资产（现金、存货、应收款等），以及这些资产是怎么来的，是自己投入的，还是经营赚来的（所有者权益），或者是用别人的钱（负债）换来的。利润表反映的是企业一段时间的经营成果，就是说，在一段时间里，是赚了还是赔了，赚多少，或者赔多少；现金流量指的是企业在某个时期内，资金的流入流出情况，反映的是公司的短期生存能力，也就是短期内应付日常开支的能力。

客观地讲，大部分装企都有财务部，有财务经理甚至财务总监，但是真正懂财务的老板却不多。当一个专业的财务人员进入装企后，很快就会发现，老板只看现金流量表，她只要会记流水账，能做简单的财务总结分析就可以了，不用过多关注利润表和资产负债表，这是中国家装行业通病。因为老板听不懂，看不懂，也不感兴趣。

老板不关注真实的利润表，就不懂得审视和提高自己的经营效率，没有正确的资产负债表，就不知道企业的抗风险程度，资产是否足够抵债，资产负债率指标是否健康，反映的就是你离“资不抵债”还有多远，还有多少空间，或者已经出现了多少缺口。财务及时预警，做好测算，才能合理决策，早做安排。大多数没经过规范财务整理的装企，资产负债率都是极高的。

专业财务人员会发现自己在装企没啥太多的专业发挥。财务管理从做好最基本的账税表工作，到资金管理，再到年度经营预算、风险控制和决策分析，一层一层财务水平升级。但现实是，大多数的装企连最基本的账都没有算对，能真实地反映企业经营风险和现状的三表都做不出，更少有企业可以走到预算管理，这里指的不是给装修业主做预算，是给企业自己做预算。

我们做一个简单的数学题。一个装企开了一家新店，一年亏损1000万元，那么这个装企要赚多少钱才能填补1000万元亏损窟窿？假设一个装企净利润率6%，这是中国家装行业两家上市公司东易日盛和名雕财报数据，简单计算一下就知道，要1.67亿元！一个新店亏损，可能要连累5家到10家老店；一个新开城市亏损，可能要5个到10个盈利城市来填补。

计算一个装企产值，目前中国家装行业有四种计算方式，施工合同签单产值、到账产值、完工百分比和竣工产值四种。中国99%的装企目前还采用签单产值考核方式，签施工合同了，就给业务员和设计师发提成，然后开始出现增减项，然后再去扣除。如果一旦业务员和设计师离职，就会出现莫名其妙的账务不

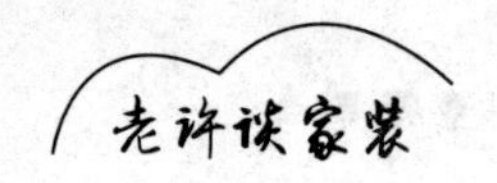

好处理，没办法就挂账，其实是呆死账。

中国只有不到1000家装企，采用到账产值考核方式。中国只有不到50家装企采用完工百分比考核方式，比如东易日盛、名雕和准备上市及财务规范的公司。竣工产值考核方式，是指工地竣工了，没有任何遗留问题，才算产值，采用这样考核的企业，全国不会超过10家。

一个其他行业专业财务人员，到装企工作后，刚开始时，目瞪口呆和无所适从是常态，哦，这个行业签单就算产值！如果哪个装企老板想改革考核方式，请记住，你要做好许多业务员、设计师甚至总经理离职思想准备。以前我签单100万元，可以拿多少提成，现在好，算回款甚至算完工百分比，这个产值数字就大幅减少。这种改革要分几步走，算好比例，保证员工总收入不要降低，要不然，真有很多人离职！

如果一个装企发展顺畅，一直增长，以上说的情况不容易发生，发展掩盖了这些矛盾。如果一个装企发展顺畅，且规模较小，以上说的情况更不容易发生。但是，一旦行业大环境恶化，签单趋于零增长或负增长的大型装企，会出现现金流入放缓或下降，同时各种应付款急剧增多，投资新开店面比较多的固定费用又比较大，如果新店亏损严重，那么资金链断掉的风险就来了，控制不好解决不利，再大的装企都会倒闭。专业一点讲，就是资产负债过高，资不抵债，然后倒闭。

如果装企老板不懂不看资产负债表、利润表，听不进财务谏言，或者财务专业不够，又不敢谏言，那么大型装企也会死！资产负债过高的企业，盈利状况不好的企业，请停止扩张，请赶快关店，裁员，止损！

中国家装行业进入下半场，进入微利时代，进入人效、坪效、净利润率和资金周转速度等的PK上。这些企业运营本质的东西，在家装行业刚刚开始被从业者认知，甚至还不知道这是行业长久以来被繁荣掩盖的真相，现在请引起你的高度重视！

各位装企老板，从阅读这篇文章开始，请算一下自己公司人效每年的数字变化情况，并从此刻开始重视起来。请不要再按签单产值进行考核，开始过渡到用到账产值、完工百分比，甚至竣工产值，去做绩效考核。2018年，中国家装行业爆发的苹果、一号家居网、天地和、旭日、亚光亚等倒闭事件，可能明天还会在更多装企身上发生。

大型装企旭日是怎么死的

2018年12月15日，苏州20年老牌装企旭日装饰的员工收到信息：明天不用来上班了，因为公司倒闭了。

1998年，孙有富30岁，这一年在苏州创办旭日装饰。进入21世纪，旭日进入高速发展期，全面覆盖苏州、无锡地区，曾经有14家直营分公司，最好的时候，年产值可能在5亿元到8亿元。想当年，苏州的报纸，经常有整版蓝色背景的旭日广告，那时的旭日擅长做套餐。2014年，旭日开始转型做整装。

21世纪初，产值做到几个亿，就算是家装行业大公司，这时候有一批老板做了两件事情，一件事情是拿着家装行业好的现金流，进军其他行业，比如房地产；另一件事情，是干了10年家装，累了，移民国外，这中间放松了好几年。等到回来再亲自操盘公司，发现行业大环境发生了变化，行业正在从他们熟悉的半包，迈过全包，走向整装。一个成立10年的老公司，再转型全包整装，难度很大。不转型是等死，转型是找死，深陷这个两难选择。曾经风光无限的21世纪初做大的装企，在今天这个家装行业背景下，有许多无力和无奈。

旭日倒闭，不同于苹果装饰，这是中国家装行业大型传统装企倒闭潮的开始。这些大型装企倒闭，给我们还活着的装企，有哪些警示?

警示一：做企业没有文化不行，但只有文化也不行。提到孙总，行业人对他的评价往往是很有激情，喜欢做企业文化。孙总嗓门大，在公开场合见到他，总是激情满怀的样子。孙总经常自诩为“旭日集团大家长”，朋友圈里满满的都是鸡汤文。孙总喜欢稻盛和夫，积极推广中国传统文化，挂在嘴边的一句口头禅是“致良知”。

2016年，胖东来出事的时候，中国企业界广泛讨论过企业文化，后来主流思想是做企业没有文化不行，但让员工在这个企业拿到工资，赚到钱才是根本。我们欣赏孙总推广企业文化、稻盛和夫和中国传统文化，这一切非常好，但不解决企业发展问题，不为员工谋福利，不为客户创造价值，再好的企业文化都是空中楼阁。

2018年12月17日，孙总在道歉信里说道：这次磨难我会把它当成是一次“金之在冶”的磨炼，在我人生后半场，我一定会完全匍匐在地，透彻反省，回到原点，回归本心，用脱胎换骨后致精致诚的生命热情，为所有永远坚守旭日精神的“旭日人”，所有的客户、供应商和有缘的社会大众，为我永远的初心，鞠躬尽瘁，奉献一生，去弥补给你们和社会带来的伤痛。并更加坚定“做良心工程（产品）、幸福千万家”的旭日人使命和“致良知”的人生信念，坚信在以后的生命旅程里，一定还能有机会持续给你们和社会传递幸福与温暖。文笔真挚，但我们要深深感叹，孙总还是在谈文化，对企业经营得失反思远远不够。对此，只能是一声叹息！

警示二：不要用战术上的勤奋，掩盖战略上的懒惰。每隔一段时间，孙总就群发微信，除了文化内容外，就是旭日活动促销广告，非常勤奋。所有在战术层面事倍功半的问题，都可以追溯到战略层面的失误。当年旭日做套餐，做大媒体，顺应时代潮流，顺应市场趋势，所以才有旭日往年的辉煌。当家装大环境发生变化的时候，旭日一直没有很好地解决获客问题，还停留在大媒体、做活动等传统装企营销套路上。当装修行业进入小区营销、网络营销为主的获客时代，旭日转型不力。

警示三：该及时止损，就要痛下决心。传统大型装企老板，都比较爱面子。几年前，旭日发生资金链危机的时刻，旭日关店速度太慢。多次发生材料商拉条幅、装修业主上门群体事件的时候，旭日早该壮士断腕，及时纠偏。迟至2017年、2018年，孙总开始进入关店快车道，开始贱卖别墅、厂房，可惜太迟了。当下，中国家装行业进入如此恶劣的大环境，不要扩张，要及时止损，要狠心裁员，狠心关掉不盈利的店面。现金流为王，剩着为王。

任何事业，都可以分成三段，开始拼的是远见与决心，中间拼的是业务模式与管理模式，最后拼的是专注与坚持。前后都拼的是人心和创新，决定成功的开始与结束，却是个人的心态和格局！

从某种角度说，旭日装饰董事长孙有富1998年创业，赶上了一个家装行业创业好时期。20世纪末房地产及家装行业大势，快速发展中的富庶苏州，孙总及创始团队的远见、勤奋、努力与决心，天时、地利、人和，三者齐了，于是有了旭日装饰如旭日东升般崛起。

21世纪初的旭日业务结构和管理模式，客观讲不差。套餐，多开店，进军苏州家装宝地养育巷，注重企业文化，注重交付与口碑，一些亲友加入，旭日在与同城劲敌的PK中，茁壮成长。

高速发展中的旭日，却在无锡等异地扩张与多元化的过程中，开始迷失。家装行业中人的属性开始凸显，亲友团队保障企业平稳度过初创期，但发展期新老团队融合不畅，职业经理人团队成长遇到挑战，旭日始终没有迈过这个坎儿。既然地域扩张不力，那么就多元化吧。但是旭日在从套餐往整装及相关产业延展的过程中，再次找不到北。

旭日擅长企业文化、军事化管理、打鸡血、喊口号，在企业初创时期，在企业顺风顺水时期很好使。当企业发展遇到瓶颈，企业竞争要拼人心和创新能力了，这时旭日人才开始外流。原来，企业文化能产生生产力的前提是企业还在发展。员工不能及时拿到工资，装修业主不能及时得到交付工地，材料商不能及时结款，再好的企业文化都没用。

许多第一代成功的家装企业老板，在行业变迁中，没有跟上的核心原因是始终没有摆正自己的心态。这个心态是，行业竞争是不断升级的，如果掉队，根本原因还是自己能力不行！谁能力强，谁适应新时代，谁就勇立潮头。但，又有多少企业老板能永葆青春，跟上时代的发展，永立不败之地？

类似旭日这样规模化老牌装企倒闭，未来一年会听到很多，这标志着这一代装企正式告别行业舞台。“江山代有才人出”，更有竞争力的新一代装企已经在全国崭露头角。

行业这一波大潮退去，让我们向第一代中国家装行业先行者告别。别了，旭日，别了，孙有富！感谢你们为中国家装行业做出的贡献，但历史车轮不会停滞，还会继续向前！

任何一个大型装企倒闭，都将对行业重创，严重影响行业声誉。存在了20年的中国老牌知名装企——旭日，说没就没了，行业再无旭日字号。唇亡齿寒，我们不是看客，我们是在同一个行业，我们还要继续活在这个寒冬里。

家装企业绝地逢生的方法

相传曾国藩率领湘军与太平天国作战，屡吃败仗，曾国藩上书朝廷，言及“屡战屡败”，经李元度更改为“屡败屡战”，以显示其奋勇无畏的作战精神。这一说法虽是后人附会出来的，但人们常用来比喻虽然屡次遭受挫折失败，仍然努力不懈。屡败屡战和屡战屡败是完全不同的两种人生境界，其中最大的差别就是，失败之后，如何看待失败，是否从失败中吸取教训，为下次再战积聚能量。

绝地逢生的第一个建议是，保现金流，不要把未来东山再起的老本都输掉，要适时止损，要留有火种。有赌场经验的人，都知道这样一个道理：输钱输在最后一把，不管前面输赢如何。赌徒们在长久的输赢拉锯战中，精神疲惫，失去耐心，然后把所有的本钱一次押注，赢了继续押，输了就彻底出局。“留得青山在，不怕没柴烧。”要留有一定的资金，一些核心骨干，一些优质资源。只要这些在，星星之火，可以燎原。

行业大势不好，除了少数还在上升期、顺风顺水的企业外，绝大部分企业都要有一个意识，要适时止损。看到苗头不对，已经是止不住地亏本，那么就该当机立断，该裁人就裁人，该关店就关店，没有什么面子和不好意思的，因为不止损，意味着陷进去的更多，最后彻底输光。

绝地逢生的第二个建议是，保现金流，不要盲目进入陌生赛道，特别是大笔资金进入新赛道。企业死亡第三阶段就是不甘心，然后尝试破局自救，本来现金流就不多，最后在陌生赛道付出高昂代价，彻底死去。大势好的时候，或者企业顺畅运转的时候，可以提前布局新的利益增长点。环境好，胜率60%就可以尝试；环境恶劣，胜率90%才可以进入新渠道、新模式尝试。

绝地逢生的第三个建议，是千万不要等死，一定要创新。这第三条建议和上面两条一点也不矛盾。不要等死的意思是，如果裁人关店也挡不住死亡趋势，那么接下来要做的事情是，在投入资金不大的情况下，一定要尝试创新，这样才能绝地逢生。有些企业不该死的，可惜“一朝被蛇咬，十年怕井绳”，在遭到打击之后，过于保守，失去东山再起的机会。

总结一下上面的建议，最重要的是心态，要有屡败屡战的心态。三条建议：第一是止损，第二是保现金流，第三是要创新。

创新有多种方式，比如旧元素的新组合，比如向相关领域延展，比如单点做深做透，等等，请注意，这里说的是在企业要死的情况下的创新，在投入资金不大的情况下进行创新，没有脱离以往的基础。进入非常陌生领域的创新，对于要死的装企来说，这种创新就是冒进找死，加速死亡。

要死的企业搞创新，最重要的是不能花多少钱。中国绝大多数装企的营销是人脉销售，注意不是营销。其实，装企在过往15年中，营销迭代过很多次，如果每次都能在某种营销模式上升期的时候抓住机会，都会搭上快进的列车。比如做报纸广告、数据电话营销（早期成本低），做百度（早期所有的词都是3毛点击一次），小区爆破，和搜房、大众点评、房产中介、派单平台合作，等等。

如果你的企业还没有做过上述营销动作，实际上，你还可以尝试，前提是在你这个城市，没有多少企业用过，且不花多少钱。有个721法则，70%的人只在原来圈子里待着，20%的人会在原来圈子里延展尝试，10%的人会跳出原有领域，完全进入陌生领域。

对于装企来说，绝地逢生有两种方法：一种是解决来单问题，这是根本，另一种是换相近赛道。上面表述的，比如尝试和房产中介合作，是既换赛道又解决来单问题。

如果不干硬装，摆在传统装企面前有几个赛道，比如转型做高端家装，转型只做设计或者施工，另外软装和家装后市场也是两个可以考虑的选择。

毛坯房少了，精装房多了，那么相对应的就是精装房的软装是一个大的市场。从某种角度说，对于一二线城市，精装房比较多，市场竞争相对较小，来单问题容易解决。主要难搞的是软装的产品问题。软装产品包括家具、窗帘布艺、灯、饰品等几大类，这里面最难做的是家具，最复杂的是饰品，水最深的是灯，窗帘布艺相对简单。说一个关键点，软装的核心是设计+产品+服务，关键是产品订单处理速度。

家装后市场是一个统称，包含三大类，局装、翻新和局装+翻新。只做厨房卫生间这种局装，单价低，什么工种都要，传统装企不喜欢。老房翻新和毛坯房硬装差不多，传统装企容易切入，难的是老房的单子怎么来。不能买名单打电话，这样的名单没有。和房产中介合作、老小区蹲守都不如通过网销来单快。

网上来单客户特征是客户资源分散，不在常见传统营销方式里，被装修公司骚扰度低，但这样的老房客户，他们会通过网络去主动寻找装修公司。身份主动和被动的转换，意味着装修业主成交意愿度更高。所以，尝试去做网销，通过网销来单切入老房翻新，是目前许多公司绝地反击的良好选择。

创新是旧元素的新组合，做老房翻新，水电木瓦油，一个工种元素不少，相当于重新组合进入和传统毛坯房相近的领域。一旦决定，不要轻易改变，在老房翻新领域里，做深做透，打造一个新的天地。老房翻新和装企网销都是刚起步，还有机会。

家装企业的10种活法

这两年，中国家装行业大环境不好，摆在每个家装企业面前的“活下去”成为行业话题。有各种“活下去”的方法，关键是要找到适合自己企业的。本文列举家装企业常常忽略或者不重视的10种活法，供家装企业参考。

（1）节流。既然企业要过冬，最容易想到的第一点就是保住现金流。长期亏损的分店、分公司，不要因为面子，死撑着，该关就关。办公面积过大，人员已经流失一部分了，换成小一点的办公室。过高的业务提成，过高薪资的管理人员，该裁就裁，该降就降。家装行业，人员薪资占比非常高。

（2）开源。传统电话营销不行了，该尝试新的营销渠道。网销大家最初都不会，边学边干。多搞一些小区活动，大中型展会没效果就停了。一直想着要找房地产中介聊聊，他们日子也不好过，是否考虑成为一个新的渠道，这次不要犹豫，该出手了。一直羡慕大装企工地营销玩法，这次下定决心包装工地，给工程部下考核指标。全员营销说了很久，给每个人都背上指标任务，每个员工周边都有亲戚朋友要装修的。改变单一营销结构，拓展新的营销方式，多渠道来单。

（3）提高人效。2018年，中国知名房企人效排行榜，万科以人年均产值3133万元排第一，排名第二的是泰禾2462万元，排名第二十的是富力，人效601万元，看看这差距有多大。中国规模化装企，人效大概是50万元，当然行业也有人效过200万元的装企。人效提升有多种办法，其中核心关键是有信息化软件支撑，改善流程，协同作战。

（4）提高坪效。并不是店越大，产值就会越高，再大的店，如果没有合理动线设计、功能区块划分，如果没有人气，店再大也没用。提高坪效的核心是站在业主立场去思考问题：业主在这个环境里，他想看到什么、想体验到什么？

（5）找准客户定位。未来活下来的企业，都要有明确的客户定位，我这个装企为哪一部分客户解决什么问题。活下来的装企有一个显著特征，业主到这条街，这个写字楼或者这个建材市场，很清楚他找哪个装企合适。那种什么都做，门头上写着公寓、大宅和商业空间都做的企业，客户并不会选择。

（6）提高核心竞争力。活下来的装企，要有和其他公司不一样的地方，就是核心竞争力。简单讲，核心竞争力也就是客户选择要素排行榜。萝卜青菜，各有所爱，有的客户看重价格，有的看重设计，有的看重施工质量，那么相对应的就是，我这家企业可能擅长施工，可能擅长设计，总要强化一项，不断精进。

（7）抓客户口碑。未来活着的装企，都是有客户满意度的企业，未来活着的装企，他们大部分客户来源是转介绍或者叫回头客。过去的营销手法，无法面对存量房装修业主，最好的方法就是让客户来找你。接待流程、设计方案、施工质量、精品材料、按时交付等，以上每一项都影响客户满意度，务实做事，一项一项去提高。

（8）锻造文化。2002年，阿里面对大势低迷，他们反其道而行之，裁撤了美国和香港公司，裁员一半，将剩下的人召集到杭州培训和开会。阿里铁军和阿里文化，就是那时候锻造的。中国做大的装企，都是讲文化的公司，文化是有生产力的。

（9）提升品牌。就像上面提到的万科，为什么它的人效高？第一个是万科管理得好，第二个是万科有品牌美誉度。碧桂园产值现在比万科高，是靠低价、人海战术和高薪资拉动的。碧桂园有品牌知名度，但是没有美誉度，产品质量出问题，就会一损俱损。

（10）提高服务能力。海底捞从中国千万个火锅品牌里杀出重围，在香港上市，让世人唏嘘。海底捞做到任何一个饭店都能做到但都没做好的行业本质，就是服务能力。给客户涂指甲、搽皮鞋等不难，都能做，但发自骨子里去提升服务能力，不是每家企业都能长期坚持的。装修公司和饭店很像，都是服务行业。上海有一个这两年快速崛起的装企，秘诀就是不增项，抓施工，抓服务，抓人效。

以上10种活法建议，没有排序，谈不上哪个更重要或者哪个更有效，根据企业自身情况加以选择。把10种活法概况总结一下，本质只有两个方面：一个是如何提高客户满意度，另一个是如何加强企业竞争力，两者同等重要。

天地和进入倒闭倒计时

2019年1月12日，杭州《钱江晚报》刊发《杭州上百位业主家装突然停工》一文，由此揭开天地和负面消息的全国报道。2019年上半年，行业可能还会再热议天地和全国各地分公司一家一家进入危机的话题，到了2019年下半年，行业将没有人再议论天地和了。

于2012年5月天地和第一个店——武汉店开业，面积9300平方米；2013年12月第二个店——长沙店开业，面积8500平方米；2013年10月成都店开业，面积13000平方米；2014年10月重庆店开业，面积15000平方米；等等。天地和成立8年，创立30多家分公司，包括武汉、长沙、成都、重庆、沈阳、天津、济南、南京、深圳、杭州、苏州等城市。

天地和创始人是医药保健品和电视购物出身，在选择进入家装行业的时候，他们应该做过认真思考，快消品行业不好做了，要找一个虽然低频，但是单价高的领域。家装毛利不一定比医药保健品高，但现金流好。他们相信通过广告，通过模式，可以突破家装行业来单签单瓶颈。他们做到了，但是他们最初一定有另外一个担心，交付怎么办？

家装行业有其特殊性，是最后一个没有被互联网攻克的行业。家装行业的特征是，重度垂直，管理链条长，行业门槛虽然低，但做好需要长时间积累。

天地和的创始人没有家装行业经历，他们一上手就想颠覆无比复杂的家装行业。他们可能没有听过家装行业流传很久的一句话：成在营销，败在工地。可以通过广告，通过流程解决来单签单，但家装企业本质是品质与交付。品质与交付带来的口碑，是家装行业的基石！天地和衰亡的第一个原因，恰恰就是没有做好品质与交付。

第二个原因，我们还是要探讨一下天地和创始人的初心。脑白金最早在江阴起家的时候，换过很多宣传语，最终在"送礼就送脑白金"上突破，脑白金不仅仅是保健品，更主要的是礼品，这个产品定位让脑白金一举成功。保健品出身的人对人心、人性、人欲研究比较深，但家装不是保健品，消费者能忍受几百元甚至几千元打水漂，但绝不容忍一个要住一辈子的家有太多的缺陷。

很多时候，笨不是智力不够，而是选择不用智力。如果你懂这句话，就知道：笨是一种人品。善良比聪明更重要！善良，就是真心实意为用户着想！天地和创始人很聪明，他们只用其他行业营销手法复制到家装行业，就对这个行业产生这么大的影响，这是降维打击。但，他们不善良，他们可能只想着快速从这个行业捞一把钱。

你可以像三体人一样蔑视地球人是个"虫子"，在营销手段上，你可以看不起数千万家装行业从业者。但，你要有敬畏之心，对这个无比复杂的行业敬畏，对装修业主敬畏。

第三个原因，天地和创始人可能是营销高手，但不是运营高手！进入本文核心，为什么天地和快速崛起后，又迅速衰亡，原因是他们不是企业运营高手。

家装企业也是企业，企业核心竞争力还是企业运营之争。家装行业特征是先拿钱后干活（装修业主），干完活后付钱（施工队、材料商），所以现金流好。但，看一个企业财务状况是否良好，不是看现金流，而是资产负债。保健品出身的人进入现金流好的家装行业，拿钱容易，但一旦规模化快速扩张，就会陷入严重资不抵债的困局。

没有人能突破10口锅只需要6个锅盖。苹果装饰有一样的思考角度，只要我规模化，我就可以降低材料价格，我可以在材料上盈利，理论上可行，但你要能控制住自己的欲望，控制住扩张，保证开的每个店基本能盈利。从家装行业回看天地和，那样低的价格是不能盈利的。不盈利，就继续扩张攫取更多的现金流，用发展掩盖矛盾与恐慌，这是一个死局！

总结一下本文三个观点，天地和之所以快速衰落，核心原因是对家装行业不了解，没有敬畏之心，不懂企业运营，初心不正。

从2015年起，爱空间等互联网家装企业，天地和类土狼型整装企业，对不温不火发展20多年的家装行业，产生了严重冲击。这种冲击，是思维模式的冲击，是对固守僵化的冲击。他们昙花一现般逝去了，但留给我们的思考将深刻和长久。

我们更加清晰地知道，家装行业本质还是品质和交付，不是互联网工具，不是商业模式，是真心实意为用户着想！另外，我们也要看到家装行业的低端，随便一个新思维、新模式就能把行业搅成这样，不怪外来打劫的，只怪自己。未来还会有天地和一样的企业，我们不要从一个极端走向另一个极端，再也不正眼瞧“天地和”这样的企业。跨界打劫的，降维打击的一直会存在，还会在未来深深影响整个行业。

从2019年开始，中国家装行业进入下半场，我们重新回归，深刻理解家装行业是带有制造业属性的服务行业。无论是营销，还是管理，家装行业离其他成熟行业还有较大差距。为什么这个行业能允许天地和这样的企业呼风唤雨，影响这么大？还是自己无能。“知耻而后勇”，这才是我们正确理解天地和类企业倒闭与离场的意义所在。

我们看好跨界打劫和行业资深从业者结合的企业，他们敬畏行业，用较长时间，通过数字化提高效能，真心服务好客户，这些比天地和强悍一百倍的企业已经在中国大地上冉冉升起。他们还在局部市场潜水，会更小心，会花更长的时间。这些最终能改变和推动行业发展的企业，同样会摧枯拉朽灭掉很多没有竞争力的装企，但，这是行业幸事！

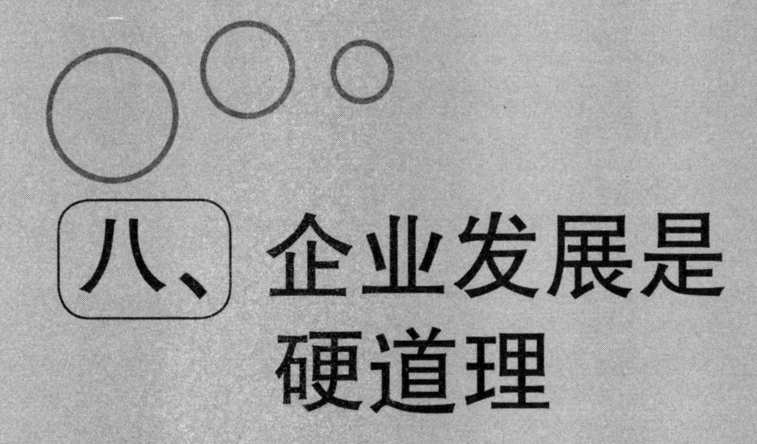

八、企业发展是硬道理

凡是过去，皆为序章

在说中国装企发展之路这个课题前，我们有必要稍微花点笔墨，梳理一下中国家装行业的发展史。极简版的中国家装行业发展史，把2015年作为一个分水岭。中国家装行业，如果以1994年中国有商品房作为诞生元年，那么到2015年则有21年的发展史，用一个形象说法就是以前是春秋时代，各路诸侯在各自地盘上肆意生长。2015年，从互联网家装开始，中国家装行业进入战国时代。

目前，中国家装行业各路知名传统企业，基本上都是在2005年以前诞生的。少有传统装企，仅用10年时间，就名满行业，除了尚层，除了2015年后冒出的互联网装企和整装企业。原因无他，完成一定的原始积累，在装修这个行业，需要时间。

2012年，东易日盛上市招股书里谈行业竞争对手，只写了6家，北京业之峰和龙发、苏州红蚂蚁、杭州九鼎、武汉嘉禾，另外，把间接竞争对手居然之家也算上了。到我写作本文的2018年，仅仅隔了6年，中国家装行业已经发生了很大的变化。

从20世纪90年代开始，中国家装行业大佬诸如余静赣、陈辉等人，他们在北京、广州等地，开始自己企业的发展之路。到了2000年，进入21世纪，这些区域豪强突然向全国扩张，中国家装行业第一波波澜壮阔地开疆拓土的黄金时代开始了，到2008年金融危机那一年开始式微。在这黄金10年的行业发展史中，行业先行者深深影响和教育了这个行业。

2008年到2015年，以北京为代表的北派和以广东（背后其实是武宁系）为代表的南派，北伐和南下止步于长江一线。中国其他区域豪强，在各自地盘发展壮大，积聚力量。这一幕，很像中国先秦的春秋时代。

2015年春，一个注定要写进中国家装行业史的人——陈炜，在北京突然高调宣告，互联网家装企业——小米家装（爱空间）横空出世，这个事件，标志着中国家装行业迅猛地走入了战国时代。

2015年到2017年，短短三年时间，中国家装行业概念层出不穷，各种新型商业模式相继诞生。中国家装行业从上个世纪90年代到2015年的缓慢发展史，被彻底打破。当许多干了多年的装企老板，还在琢磨讨论是否要从半包走向全包的时候，全案和整装呼啸而来。除此之外，软装、智能家装、家装后市场、定制精装等，一个个装企未来可能的发展方向，全都摆在行业从业者面前。

不是我不明白，只是这世界变化快。莎士比亚巨作《暴风雨》中有一句台词——“凡是过去，皆为序章”。

不同装企发展的核心关键

在中国，一线城市家装企业年产值2亿元以上是优秀企业；二线城市年产值5000万元以上是优秀企业；三线城市年产值2000万元以上是优秀企业；四线城市年产值1000万元以上算优秀企业。这个要求有点高，在中国很多三四线城市，真的是产值过千万，就是当地赫赫有名的大公司了。

不同级别的装企，面对发展这个课题时，他们的角度是不同的。装企产值

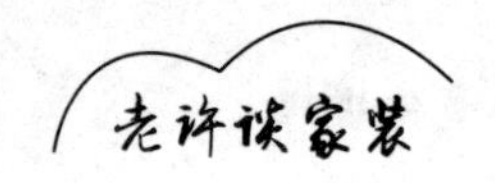

1000万元以下关键点是业务；1000万元到3000万元关键点是打造核心竞争力（设计、施工或材料等）；产值过1亿元关键点是团队、管理和品牌；产值过3亿元关键点是战略、组织和流程；产值过10亿元关键点是文化和信息化。

以上所说的1000万元、3000万元、1亿元、3亿元和10亿元，是中国装企发展过程中，经常要面对的坎儿。很多企业发展多年，始终过不了千万，有的企业始终过不了3000万元，过不了1亿元，等等，就是这意思。

中国家装行业蛋糕据说有1万亿，有15万家装企，这两个数字相除，得到一个数字，中国平均每个装企年产值是600万元左右。从另一个角度来论证，假设一个三四线城市，装修半包均价5万元，每年有100个工地，这两个数字相乘是500万元，和600万元差不多。

对于很多小型装企来说，每年在建工地超过100个，是一个难以逾越的管理门槛。因此，一些装企发展5年、8年，但是产值还是500万元、600万元左右，核心是，这样的装企一年只能忙100个工地。

一个小型装企如果产值想过千万，方法是老板不怎么跑工地。这是一个多么痛的领悟，这是一个多么哭笑不得的结论。原因何在？绝大部分小型装企老板，是施工工人、包工头出身，他们只擅长跑工地，因此，他们每天大部分时间，就是跑工地，做自己擅长和熟悉的事情。

当有一天，一个小型装企老板不跑工地，把重心转移到解决来单问题，解决签单问题，解决业务问题后，这个企业年产值有可能就会过千万。老板管理重心在哪里，哪里就有生产力。

这么快，一个小型装企发展问题说完了，就是老板不跑工地，抓业务。其实，没说完，老板不跑工地，只是管理思路和工作重心发生改变，但是，这些老板还不会抓业务啊。

装企营销

中国有太多的装企，把做业务的部门叫市场部，请不要叫市场部，请叫营销部。世界上很多商学院学习营销的书籍，教材都是用菲利普·科特勒先生的《营销管理》。这本书是营销圣经。科特勒先生在这本书里，明确提到以下说法，做市场研究和策划的叫市场部，做业务销售的叫销售部，把两个部门合在一起的才叫营销部。市场加销售，这两个基本职能都有了，才是真正意认上的营销。

中国装企的业务来源方式是，靠熟人，靠上门客户；上升一个等级，靠电话营销，跑小区；再上升一个等级，靠展会，靠工地营销，靠全员营销；接着再上一个等级，主要靠网络营销，靠回头客，靠重点楼盘。以上是递进关系，每上一个台阶，就意味着你这个企业营销成熟度有多少，同时也对应你的产值规模有多少。越往后排，这样的装企产值越大。

为什么中国绝大部分装企活不过3年？因为，在这3年里，他把他所有的人脉关系用完了，包括同学、亲戚、朋友、同学的同学、朋友的朋友等用完之后，因为口碑较差，不能产生回头客，还不会其他营销方式，然后，就没有然后了。

假设，一个小型装企，今天除了做人脉外，如果硬要我推荐一个营销方式，那就是网络营销。可以用排除法考虑，国家不允许打骚扰电话了，做展会又不会，跑小区竞争对手又太多，那么剩下的只能选择网络营销了。

网络营销，是当下中国装企性价比最高的一种营销方式。那么，怎么做网络营销呢？

最简单也是性价比最高的方式，是找一家靠谱的派单平台，交信息服务费，任何派单平台派单，就这么简单。唯一要注意的是，找靠谱的，因为中国不靠谱的派单平台太多。

对于中型、大型装企来说，网销除了和派单平台合作，还有很多其他的网销方式，比如做百度、360这样的搜索引擎，比如做今日头条、UC头条这样的信息流，比如做各种自媒体，包括微博、微信公众号、小程序等等。这些方法都有效，唯一要注意的是，考虑网销部门架构，岗位配置和网销渠道组合。装企网销核心是坚持+专业，关键是客户研究+渠道组合+内容建设。

网销说完了，接着说重点楼盘。重点楼盘是除网销之外，装企最有效最能拿到结果的营销方式。

做重点楼盘，核心关键是找到适合自己企业的楼盘，然后聚焦，全力以赴。什么叫适合自己企业的楼盘？就是这个楼盘的装修业主和自己企业匹配，除了价格适合外，关键是这个楼盘业主是你的目标客户，符合企业的客户画像。

对于重点楼盘，专门成立重点楼盘小组，专人负责，赋予最高权限。重点楼盘小组里每个人，包括业务员、设计师、客户经理、工程材料等各个部门的人，要求对这个楼盘都非常熟悉。对于重点楼盘每个户型，都出几套不同风格、不同预算的设计方案，每个设计师都背得滚瓜烂熟。在这个重点楼盘，使劲公关，使劲砸广告，使劲拿下小区业主群，使劲做楼盘活动。目前中国装企做重点楼盘最高版本玩法是，在楼盘里买房子，成立服务中心，把这里变成接待客户的前沿阵地。

如果一个成熟的客户经理能把上述工作完成得比较好，那么将大大提升一个装企签单转化率。

还要加的一个岗位是策划专员，水平高的叫策划经理，其实更准确的说法是市场经理。策划经理是干啥的？研究企业，研究客户和客户画像，研究市场，研究竞争对手，研究楼盘，从而决定哪个是重点楼盘。研究完以后，策划活动，策划编撰企业各种宣传资料，对公司品牌负责，等等。

策划经理干的事，和客户经理相比，似乎离产值更远了，但因为有策划经理这些研究和策划，才使一个装企真正叫营销部。市场加销售，这两个基本职能都有了，才是真正意义上的营销！

客户画像

你的客户是谁？你的客户为什么找你装修？你凭什么能打动客户签约？这些都是终极问题。这些问题的核心，就是客户画像和由此带来的品牌核心价值。

如何做客户画像？这是个复杂的课题，简单地讲，将过去3年所有已经签约的客户档案找出来，尽可能地对这些签约客户，从简单的合同金额、面积大小、房型、装修风格、客户职业、家庭结构、籍贯等基本资料，到精神层面等内容，做大量的统计和分析工作。这些统计分析工作的核心是，找到共性，什么样类型的客户，会和我这家装企合作。

请高度重视客户档案登记，重视客户调研，把这个工作交给客户经理，交给项目经理，这是一个日常工作。笔者讲述一个真实案例：一个南方装企邀请我做客户画像，按照我的要求，这个企业积极配合，艰难地做出一个基本能用的客户统计分析，然后我带领企业资深设计师、业务员和高管团队，用了一下午时间，得出该企业客户画像——刘德华。

关于客户画像，我跟这个装企老板说，打一个简单比方，香港四大天王，刘德华、张学友、黎明和郭富城，硬要选一个明星，贵企业像谁比较多一点。这个装企老板说，郭富城有点小资，黎明有点高贵，张学友才艺出众，刘德华没有突出的点，但是全面发展，我们企业更像刘德华。因为你的企业是刘德华，那么贵司就要按刘德华的角度去思考问题，而不是硬逼着自己成为黎明或者郭富城。

要把客户画像变成一个耳熟能详的明星，我企业的客户是刘德华，我也是刘德华，刘德华喜欢刘德华，他们在同一个频道，他们欣赏自己。按照当时实际状况，这个企业以前一直以为自己是有点才华的周华健。这家企业，一直不知道客户群在过去的3年已经发生变化，变成一个逆袭且励志的刘德华了。当这个企业重新定位客户群体，大家可以想象将发生什么。

做客户画像，从某种角度说，就是做企业的客户定位。每个企业基因不同，他们擅长的客户群体不同。不能什么都做，细分市场，反而能带来产值提升。

再举一个案例：某西部省会城市的一个装企，仅用3年时间，产值做到2亿元，创新方法很多，只讲其中一个关键，和客户画像有关。该企业的客户群体是28岁到35岁城市白领人群，房子面积在100~140平方米。28岁以上城市白领，他们的房子可能不再是刚需，这是他们人生购买的第二套房产，所以房子面积是100~140平方米。28岁的人，已经工作6年以上，有一定的积蓄，有一定的社会认知，有一定的成就。

这个企业深刻洞察这样的客户群，包括他们每天的生活轨迹，他们每天在哪里消费，想什么，喜欢什么，等等，然后，在这样的人群经常出没的地方，使劲砸广告，砸他们喜欢的走心广告。

营销胜负手

胜负手，围棋术语，就是棋手在关键时刻采用非常规手段，下出改变局面的那一手棋，叫胜负手。

分享装企营销胜负手之前要先做个界定，营销胜负手方法不适合所有装企，比如，不适合年产值600万元以下小型装企，也不完全适合营销模式丰富的年产值2亿元以上的大型装企。这个方法对大型和小型只有参考借鉴作用。大型装企，特别是年产值10亿元以上的特大型装企，这种角度谈不上是胜负手，只能算是补充。小型装企采用我下面分享的方法，可能是在找死，特别提醒！对于我说到年产值在600万元到2亿元的中小装企，本方法同样也是借鉴，因为胜负手，是非常规手段，有较大风险！

对于装企营销胜负手可能有的方法，我一个一个排除，不是特色展会，不是薪酬激励，不是网销，不是开大店，不是整装。当思考到品牌这个角度以后，我豁然开朗，就是品牌，品牌是中小装企营销胜负手，这一招出去，可以改变企业命运！企业的每个发展阶段有每个阶段最重要的事情，中小装企在这个发展阶段，最重要的是产值，不是管理，不是战略，不是文化，不是信息化，是产值。产值改变的根本方法是品牌！

什么是品牌？品牌，简单地讲，就是装修客户对你这个企业的总体印象。为什么是品牌？因为装修行业，是人服务于人的行业，当对装修专业几乎一无所知的客户选择装修公司的时候，影响他最终决策的，主要是品牌，不是设计水平，不是工程管理，不是你接待流程是否合理，不是你是否用心和勤奋，这些都不是最主要的。

装修行业，是一个低频高消费的行业。在当下，面对装修感到恐惧的装修客户，足够多的品牌宣传，就可以让低频的装修企业脱颖而出，成为装修客户的首选合作对象。没装修前，不关注你，要装修了，到处找装修公司，如果你用合适的表达方式，加上足够多的曝光率，你就有可能被这个勤奋的装修客户选上。道理就这么简单，只是在死命砸广告前，你的品牌定位、品牌核心价值要足够准确，最后再加一个，你内心足够强大，坚持，再坚持，砸钱，再砸钱！

之所以说品牌是营销胜负手，其实除了核心内容外，根本原因是通过它，使中小装企调动有限资源，激发内心源动力，鼓舞全员士气，在品牌上全力出击，一刀拿下！

品牌

先说一个品牌概念——品牌核心价值。品牌核心价值，是指一个品牌承诺并兑现给消费者的最主要、最具差异性与持续性的理性价值、感性价值或象征性价值，它是一个品牌最中心、最独一无二、最不具时间性的要素。

举个例子：坐奔驰开宝马，沃尔沃最安全。奔驰车感觉尊贵，宝马车有驾驶乐趣，沃尔沃车最安全，最贵、驾驶乐趣和安全，就是奔驰、宝马和沃尔沃的品牌核心价值，这是这几个汽车厂家，常年做广告坚持宣传的核心诉求，也是给消费者最深刻的烙印。

为什么不管是有钱人还是没钱人，不管是老人还是小孩都可以去麦当劳？因为麦当劳适合所有人群，麦当劳的表象是一个卖汉堡包的快餐店，其实麦当劳真正售卖的是快乐，所以才有红黄颜色搭配，背景音乐是欢快的。当麦当劳把品牌核心价值定在快乐后，就可以包容所有的人，因为每个人都喜欢快乐。

我们假设一个企业已经做过大量的客户调研分析，已经做出客户画像，已经找到品牌核心价值。接下来，要做的事情，笔者继续讲述。品牌规划的原点是，你的客户是谁。当这个原点搞明白后，我们就要开始梳理：我的企业有什么资源，提供什么样的服务，我的企业特点和擅长的是什么……企业和客户的交集点，就是卖点和买点重合的部分，这个靶心在后期品牌传播中最有效果。如果不找这个靶心，企业未来的宣传投入，可能会有很大一部分是白花钱。说到这，各位想一想，过去你的企业是不是经常更换广告词，是不是每年或者每半年诉求就不一样。之所以老是换，是因为你不确定，是你想什么都要。你付出巨大代价搞明白了，内心就强大了，你就不会换。

客户画像有了，品牌核心价值有了，接下来可以做或者调整企业LOGO、标准色等，就是常说的企业VI，接着找出宣传语，拍广告片，出几个宣传海报，做企业画册，写几个软文，然后找到合适的媒体传播出去。在传播过程中的关键是，一要统一形象，二要坚持。相信品牌的力量，相信坚持的力量。我2000年在上海第一百货楼上看到一个广告牌，上面有SAMSUNG，当时不知道啥意思，那时候三星手机没那么出名。现在，这个广告牌还在，20年了，一直在。形象统一，然后坚持不变，就会有累积效果。

我们常看到一些装企，在出租车后窗广告是这样的颜色，这样的宣传标语，然后高速路上的高炮是另外的内容，其他的颜色。内容不一样，形象不统一，给传播受众者不同的感觉，这就起不到叠加作用。笔者常为那些不断换颜色、换内容的客户感到惋惜，你花了太多的冤枉钱，而且还不知道。上面的顺序说了，一定是先客户画像，然后找品牌核心价值，接下来才是VI、宣传语等。如果没有前面的规划和思考，同样你也是白花银子，浪费钱。

在前一章讲装企营销胜负手时，我提到，中小装企要聚焦资源，把钱花在品牌和品牌宣传上，这样可以让装修客户对你有认知，知道你这个企业的特点，然后感觉放心和靠谱。在品牌传播上，我们要注意媒介组合和立体宣传。不同的媒介有不同的特点：网络传播有网络特点，可以针对特定上网人群；户外广告有广泛告知特点；广播广告可以针对有车一族；等等。不要只在一个媒介上宣传，要让客户在他的生活和工作场景里，广泛且不断接触到你这个企业信息。当这些信息来自不同的媒介，这个叠加效果是1+1>3，这是立体宣传。

如果没那么多钱投入，只能选一两个宣传媒介的话，选什么？那就选户外广告吧，这个没有对错，所有人都能看到，而且到目前为止，在中国很多城市，户外广告性价比最高。

把手中的银子盘算盘算，想想我这个企业的客户是谁，通过品牌规划找到宣传语，然后全力投入，坚持半年到一年，不管有没有效果，有没有电话，有没有反馈，都打死也不放弃。如果做到了，你就有可能成功。注意，你只是可能成功。

核心竞争力

核心竞争力，这是决定一个装企能否迈过1000万元产值大关的关键。当一个企业基本解决业务问题后，接下来要思考的是，我和隔壁装修公司的不同点在什么地方，正因为这个不同点，装修客户选择和我合作。这个不同点，就是核心竞争力。

2015年，我有一个咨询项目，某装企老板给出咨询课题——找到这个企业的核心竞争力。涉及商业机密，在这个企业咨询项目分享过程中，我会把这个企业总部在哪个城市等故意说错，以免同行明眼看出我说的是哪个企业。

假设这个装企叫远大装饰。远大装饰成立10年以上，在中国某区域市场发展一直顺风顺水。2013年，这个企业把总部迁到北京，然后折腾3年，痛苦不堪，连续开了多个城市，一直严重亏损。

在对企业内部详细访谈、外部市调后，我团队给这个企业做诊断。除了在战略规划、文化适应、团队建设、业务结构等方面给出发展建议后，专门提到核心竞争力问题。这个企业，没有特别明显的缺点和弱项，但同时也没有特别明显的优点和强项，像温吞水。在竞争激烈的北京市场，这个企业没有啥竞争实力，在过往多次和同行PK中，老是败阵。

一个装企涉及企业发展的内容，包括战略、品牌、团队、文化、管理等，同时也包括业务、设计、施工、材料、服务等板块。在对这个企业各个板块梳理过程中，我们用了排除法，一个板块一个板块地排除，最终把工程作为远大装饰核心竞争力。

为啥是工程？装修行业本质是一个服务行业，是人服务于人的行业，从某种角度来说是一个轻资产行业。装修公司提供的服务包括量房、设计、代购材料、施工、监理等。对于一个小白装修业主来说，他感到最难的就是施工，因为这个活太专业。这个最难，也最能体现装修最终结果。

从远大装饰企业发展基因来看，和北京同行相比，想要在业务、设计和材料上超越竞争对手，是一个比较困难的事情，因此，最终这个企业选择工程作为企业核心竞争力。

远大装饰企业的做法是1.0版本从最简单最容易看到成果的工地形象开始，做了场容包装；2.0版本开始上一些新型环保材料；3.0版本开始研发施工工艺；4.0版本重点打造样板间；等等。2017年，这个企业推出新一代样板房，组织全公司相关人员参观学习，然后复制到全国其他城市。该公司无论是设计师，还是业务人员，在和客户沟通时，都底气十足，我们公司工地多么多么棒，不信，我带你去看工地。

一个装企有核心竞争力，才可以在宣传上反复强化。举个例子：很多年以前，上海统帅装饰，反复强化隐蔽工程的重要性，提出“王牌水电，统帅装饰”口号。有些企业，比如上海春亭装饰，比如杭州中博装饰，反复强化环保。

当一个装企有核心竞争力后，就可以给客户一个强烈买点，给他一个和你合作的理由。看到这里，你是否有触动和思考，要马上给自己企业找核心竞争力呢？心动，不如行动。想到和做到之间的距离有时候很遥远。

团队建设

前文说过一个装企产值过亿，发展核心是团队。一般中国装企老板都是做工程出身，创业时的情形都差不多。找几个亲戚，找几个老乡，然后找几个设计师，就开始创业。如果勤奋踏实，如果有点人脉，很容易存活，每年做个几百万产值。如果能解决我前面说的业务问题，年产值可能会过千万。

如果不仅业务问题解决不错，还有核心竞争力，产值可能会到几千万。如果这个公司是在三四线城市，基本上就到天花板了，成为该区域市场排名靠前的装企。

有个案例：一个三线城市装企年产值半包700万元，这个企业在当地家装行业已经排名靠前了。我问这个装企老板，5年时间，你回老家创业，产值做到700万元，应该是不错的，但有没有想过，如果换了一个人，产值可以做到5000万元，甚至就是在你这个城市，也可以做到产值一个亿？这样的成功案例，在中国一些三四线城市装企能找到，年产值和市场容量有点关系，但主要还是团队问题。

这个老板问，产值过5000万元、过亿的核心是什么？我说，就是你没那么忙，不再亲自画图，你有几个得力骨干，就有可能。

这个案例不是孤例，是中国中小装企的一个缩影。中国企业发展轨迹都是差不多的，首先老板一个人强，就可以带领企业度过生存期；然后老板有几个得力骨干，大家齐心协力，把企业带到发展期；最后又要回归，不仅仅是团队力量，这时有一个很厉害的CEO，说大一点，比如杰克·韦尔奇那种，把企业带到辉煌。这个轨迹就是一个人到一个团队再到一个人。

关于如何找到核心骨干，如何做团队建设，对于中小装企来说，核心骨干找到不容易，基本上是碰到的，或者是内部培养起来的。有一个方法，行业里很多人会忽视，就是通过猎头公司找人。猎头公司有一定数量的人才库，特别是猎头公司在劝说人跳槽上面，很专业。有人会说，我们小城市哪有什么猎头公司啊？大城市有，大城市猎头公司的人可以劝说大城市的人才去你小城市工作。

行业里很多装企老板常犯一个错误，就是以为凭股权就可以劝说人才加盟。其实，不仅仅是股权，更是当下收入、企业发展前景和老板的人格魅力。

关于团队建设，最后说一点，核心骨干是可以内部培养出来的，前提是，这个企业是一个学习型组织，经常有内部培训，经常外出学习。装企老板之间，最大的差距是什么？是认知和学习。

企业管理

一个小型装企成为一个中大型装企的分水岭是管理。业绩产值是管理出来的。当一个装企从业务导向型转变成管理导向型时，标志着这个企业开始往中大型企业迈进。

管理是一个非常宽泛的概念。我过去几年走访过近千家装企，我有个习惯性的行为，到一个企业落座不久，我会去这个企业洗手间。去洗手间的过程中，会仔细看这个装企办公空间布置、墙上的规章制度和洗手间的保洁程度。不开玩笑，从一个企业的洗手间管理，就能看出这个企业行政管理程度如何。从墙上的规章制度，什么内容和更新的时间等，就能看出这个企业日常管理的重心是什么，从更新时间，能看出这个企业制度是不是仅停留在墙上。

有一个真实的案例：还是我前面提到的那个做客户画像的装企，在和这个企业管理层开会前，我把这个企业的产业园认真看了一遍。当时，我的开场白是这样说的：我刚才去看了贵司的会议室，我发现墙上的内容停滞在2014年，在2014年以后，再也没有更新过。我们这个企业，从2014年以后，发生过什么重大事情？对方董事长告诉我，从2014年开始，这个企业进入震荡期，发生了许多事情，最重要的表现是，产值一直停滞。

说到装企管理，首先，来说说人力资源管理。人力资源管理一个重要管理指标是人效，就是企业里一个员工，一年能为企业创造多少产值。再来说一个真实案例：来自西安的一个装企，这个企业产值三分之二是半包，三方之一是全包，人效是25万元。在问清组织架构和人员编制情况后，我给出的建议是，将现有20名管理干部裁员一半。这个企业典型特征是，官多兵少，指挥的多，干活的少。

我有一个方法可以快速了解装企情况，我基本上问：请问贵司年产值多少？半包产值有多少？主材占多少？客户均单值多少？人效多少？这几个问题清楚了，基本上就知道这个企业的业务模式、客户定位和人员管理情况。

其次，来说说会议管理。如果一个企业经常开会，而且会开会，那么这个装企管理水平就不会太差。会议分为日会、周会、月会、季度会和年会，此外还有各项专题会。对于像市场部、设计部和工程部这样的业务部门来说，每天都要开会，有必要早上开晨会，布置今天工作，晚上开晚会，检视今天工作内容的完成情况。

管理层每周都要开周会，经营层每个月都要开经营管理会，董事会和高管层每年都要开董事会和战略规划会议。一个企业如果经常开各种专题会，同样意味着这个企业管理达到一定水准。杭州圣都装饰，最近几年发展很快，他们有个六季文化，就是把一年分成六个季度，每两个月开一次“赢在圣都”会议。

最后，来说说制度和流程。有个企业是做VR的，最近几年发展很快。我问这个企业分管业务的廖总，他是如何管理几百名90后业务员的。他和我说了一个重要观点，把管理制度制定得越详细越好。“制度管人，流程管事”，这是管理的经典名言。当一个企业制度和流程详尽到一定程度后，这个企业如果执行到位，就可以长足发展。

装企老板要逐步把重心从业务转向管理，企业产值是管理出来的。企业管理中，最核心的是人效管理、会议管理、制度和流程管理。

组织架构

2014年，我和一个全国知名的家居卖场合作做软装。这个家居卖场老板和我正式合作前，见过三次面，第一次谈合作意向，第二次讨论宏观报告，第三次讨论操作报告。这个老板，最关注的是这个软装公司的成立可行性、投产比和组织架构。

在报告里，关于这家软装公司组织架构，我列出三个架构，成立第一年的组织架构，成立第二年和第三年的组织架构。企业组织架构是动态发展的，随着外部环境和企业发展情况要与时俱进。

一个企业如果没有组织架构，只有岗位，充其量是个体户，谈不上是一个企业。中国很多中小装企，就是这样的情况，有岗位，没有部门，没有组织架构。因为没有组织架构，就没有明确分工，责权利不清晰。

如果把企业比喻成一个人体的话，那么组织架构就是企业的骨干，组织架构合理，就可以撑起一个企业的发展。在我多年管理咨询经历中，面对一个企业诊断，我往往是从企业组织架构开始的。装修企业，从大的范围讲，可以分成四个部门：来单部门、签单部门、做单部门和后勤保障部门。来单部门就是营销部门，签单部门就是设计部门，做单部门就是工程材料部门，后勤保障部门就是人事、行政和财务等部门。

我判断一个企业组织架构情况时，经常问几个问题，比如，订单由谁派？哪个部门对客户满意度负责？不延展了，就说这两个问题。小装企，由老板派单；有市场部了，由市场经理派单；有客户经理或者客户总监这个岗位了，由客户经理派单。不同派单权限，反映一个企业的成熟度和管理水准。

哪个部门对客户满意度负责？我问这个问题的时候，经常遇到的情况是，我对面那个装企老板不知道该如何回答，因为没想过这个问题。然后，答案五花八门，有说自己，有说设计总监，有说工程负责人，有说工程监理等。当一个装企有能力配置客服部，且客服部发挥作用，并对客户满意度负责的时候，这个企业的管理段位就不一样了。

一个装企是否有能力开多个店面，走出一个城市，核心是组织架构。装修行业中，店长或者总经理的能力很重要，但是，如果一个企业组织架构能够支持分店或者分子公司发展，那么这个企业的复制能力就增强了。装修行业的实际情况是，成立集团总部，且总部对分支机构能带来支持和帮助的企业，少之又少。

当一个企业产值徘徊多年，当一个企业想进行产值突破，当一个企业开始往外拓展，这个时候，请想一想该如何调整组织架构。

2015年，我给某一个年产值数亿的装企网销部门做诊断，我仅仅调整了组织架构和绩效考核，这个企业网销部门的产值就有很大提升。当时，我的做法是，不按渠道定岗定编，而是分为网络推广和网销销售这样的前端后端，然后大家拿集体奖金，每个人的收入都直接和产值挂钩。

如何面对材料部门灰色收入问题？传统装企材料部门划分是，辅材一个部门，主材按照五大主材和定制设备又分成几个部门。如果把材料部门划分成：招商部只负责招商，订单部只负责订单，售后部只负责售后，那么灰色收入问题，就可以得到很大缓解。

调整组织架构有奇效。我曾经供职过中国两个著名的保健品企业，红桃K和脑白金，我亲身经历了，以前两个老板谢圣明和史玉柱，多次调整组织架构，促进企业发展的案例。

组织架构是为企业所用的，从某种角度说，动组织架构，就是改变企业营销模式和管理模式。一般不动，动了可能会带来很多连锁反应。组织架构是公路，如果是高速公路，可以让企业这辆车跑得很快；如果是乡间小道，性能再好的车，速度也不快。

当我们谈组织架构的时候，这个话题已经和20人到30人的小装企没啥关系了。这个话题适合产值已经迈过几千万元，迈过亿元大关的企业老板和高管深思。

战略规划

给装企做战略规划，有很多方法和工具，这里讲一个我常用的手段。企业现在有什么？企业能做什么？外界能允许企业做什么？这三个圆的交集部分就是战略规划。

企业现在有什么？就是对企业现有资源进行梳理，常用的方法有SWOT分析法，名称来自企业优势、劣势、机会和威胁四个词的英文首字母缩写。SWOT简单版的有画一个十字架，复杂版的有横列S、W、O、T，纵列S、W、O、T，往十二个方格里填空（SS、WWOO、TT四个格子不填）。

企业能做什么？就是根据资源梳理，根据外界情况，确定企业在业务价值链上的外延范围，比如现在是半包，未来可以做全包、整装、软装等等，可以延展到房产中介、家政等等。按照地域轴，可以从一个店到几个店，一个城市到几个城市等等。

外界大环境能允许企业做什么？就是根据市场情况，根据竞争对手，根据消费者变化趋势，去思考未来企业发展方向。重复一遍，企业现在有什么？企业能做什么？外界能允许企业做什么？这三个圆的交集部分就是战略规划。换一个好懂好理解的说法企业战略规划，就是吃着碗里，看着锅里，种着田里。

我们今天的江湖地位、行业状况，大体上是由3年前决定的；未来我们企业3年后的状况，是由我们当下思考和做什么决定的。不要用战术上的勤奋，掩盖战略上的懒惰。之所以一个中小装企干了很多年，产值一直做不大，核心原因是这个装企老板没有战略思维。趋势大于优势，选择大于努力。

中国家装行业，2015年风口是互联网家装，2016年是软装，2017年是整装，2019年是家装后市场。我并不赞同一个传统装企一定要全身心投入互联网或者整装，但是，一定要涉足，提前准备好，就是所谓的“看着锅里，种着田里”。

今天，你看到出现了一些风光的整装企业，你不知道，他们背后为此努力多年。你看到很多企业在快速扩张，在全国开疆拓土，你不知道他们之前为储备人才做出的奋斗过程。

如果你提前布局网销，提前知道国家一定会出重拳打击骚扰电话，那么你今天就不会为电话营销发愁；如果你提前预测到精装新政对行业带来的冲击有多大，那么你今天早已做好准备，一方面积极布局家装后市场和软装，另一方面去还没有精装的城市拓展；如果你提前预测营改增未来一定会成为行业门槛，那么你今天就该对财务税务进行规范管理。

当一个装企产值过亿元以后，企业间的PK首先是战略规划能力，是老板的格局和思维模式决定的。中国有许多企业产值，常年在一两亿元之间徘徊，3年到5年都跨越不了3亿元大关。不要相信一年两年，战略规划会给企业带来多大变化，但是，如果没有战略规划，企业过亿元以后，就会停滞不前。

战略规划，从某种角度来说，就是找到适合自己企业基因的发展方向，认准了，不改变，不断积累，然后厚积薄发，从量变到质变。

相信文化的力量

2014年，我因为个人原因离开上海星杰装饰。一个大型装企老板徐总找我沟通，他问我，这么多年，你见证了星杰从年产值不到2000万元到年产值过10亿元，那么你给星杰带来的最大贡献是什么？我说，这个话题，在我离开星杰的时候，和星杰董事长杨渊也曾经认真探讨过，然后我们都认同一个观点。我反问对面徐总，你猜是什么？他说，你给星杰带来的战略、业务、外拓、集团搭建、信息化、资本化等都不是最重要的，最重要的是文化。我说，是的。

2018年2月，我连续参加浙江几个大型装企年会，受到很高的礼遇。2月4日，我参加浙江良工装饰年会，我看到会场两个侧屏上写着“良知为本，客户为根”，我听到良工装饰董事长宣红卫发言说，良工要成为中国家装行业口碑领跑者。现场的我感到自豪和激动。因为，我和良工文化项目组，用了近半年时间，开了好几个会议，一起讨论和制定了良工新的企业文化。

2011年，星杰同样用了半年时间，经过多个会议，最终确定了星杰企业文化，包括正道文化、家文化和幸福文化，我是这个文化项目组的组长。星杰文化的出现，给星杰带来很大的正能量，激励星杰人发愤图强，带动产值快速提升。

还是那句话：文化是有力量的，文化是有生产力的，文化是能带来产值提升的，文化是能促进企业发展的！企业文化包括：企业愿景、企业使命、企业精神、核心价值观、经营理念、人才准则、管理思想、企业哲学等等。简单地讲，企业愿景解决企业往哪里去，企业使命说明企业为什么活着等问题。

2015年，我为某上海知名装企策划健康跑活动。这个企业要求每个成员下载一个跑步软件APP——咕咚，每天在公司群里晒咕咚记录。当时，我住在上海某高端楼盘，这个楼盘是这家装企重点楼盘。小区邻居对我说，我们对面是二期，我看到这个装企施工工人每天都跑步，跑着跑着，小区保安、我们一期业主都和他们一起跑，这家企业真了不起，能让一线工人每天都跑步。我对这个邻居说，装修公司施工工人不是企业在编人员。邻居说，那更了不起了！

这个企业从健康跑，后来延展到戈壁徒步，公司每次出几百万元的活动经费，带领公司员工、装修业主和供应商，一起去甘肃戈壁大漠徒步，4天110公里。2015年是第一届，目前已经举办三届，每次都有100人以上。这个企业叫上海申远装饰。申远装饰的员工因为跑步，跑出了精气神，跑出了自信，也跑出了产值，近几年这家企业产值一直快速增长。跑步跑出了业绩！这就是文化的力量。

各位装企老板，不管你是大企业还是小企业，如果谈到企业发展，我跟你说，请相信文化的力量。在企业每个发展阶段，企业要解决的发展问题不同，有的是业务，有的是品牌，有的是战略，有的是核心竞争力，但文化适用于企业任何阶段。中小企业，倡导文化，让企业更有战斗力；大型装企，推崇文化，可以让企业二次涅槃，突破10亿元瓶颈。

十二字真言

这篇文章要收尾了，最后，送给各位亲爱的家装同行们，关于企业发展最重要的十二个字真言：定战略、搭班子、带队伍、分好钱。这十二个字中，前九个字是联想创始人柳传志说的，后面三个字是我加上的，下面一一说明。

定战略。就是明晰企业发展方向，知道企业有什么，可以做什么，在一个战略方向上不断积累，不断夯实，储备力量，一直向前。所谓的有定见，无执念。定见就是战略方向，为达成这个战略，不断与时俱进，不断调整方式方法，这是一个企业最重要的事情。再重复一遍，不要用战术上的勤奋，掩盖战略上的懒惰。一个从来没开过或很少开战略研讨会的企业，一个不认真思考战略方向的企业，很难做大。

搭班子。就是企业发展不是老板一个人的问题。企业做到一定规模后，一定是一个团队在并肩战斗。老板最重要的工作，除了定战略方向，就是找人，培养人。如果一个企业，来单、签单、做单有三个得力干将，这个企业就可以有好的发展。老板要敢于用比自己能力强的人，要不惜一切代价找到核心骨干。如果老板承担不了企业发展重责，那么就要退居二线，让更强的人带领企业发展。

带队伍。这三个字，不完全是团队建设，要不然就和上面搭班子有重复嫌疑。带队伍，第一层意思，是团队建设，除了找到核心骨干高管团队外，企业中层管理干部也很重要，强悍的中层管理团队，可以上传下达，因此带团队，就是要培养和训练中层管理干部。第二层意思，我理解带队伍是管理。这个管理包括各种管理，比如上文我提到的“制度管人，流程管事”，比如人效管理，比如会议管理，等等。老板和高管团队，以身作则，带出一个中层管理团队的队伍，他们各司其职，共同发展。

分好钱。这三个字，是我加上的。中国家装行业目前毛利还比较高，因此净利润相对可观。分好钱的第一层意思是，装企老板要舍得分钱，不要把公司利润只往自己口袋里揣，钱散人聚，钱聚人散。干活拿钱，天经地义，一分价值一分收入。当公司高管团队、公司管理层和核心骨干表现出价值的时候，要舍得分钱，增加发展动力。第二层意思，不是仅仅多分钱就可以了，要会分钱。按价值贡献，相对公平公正、艺术化地处理分钱。给多了不行，给少了不行，给早了不行，给迟了不行，一碗水端平不行，给某些人钱过多也不行。

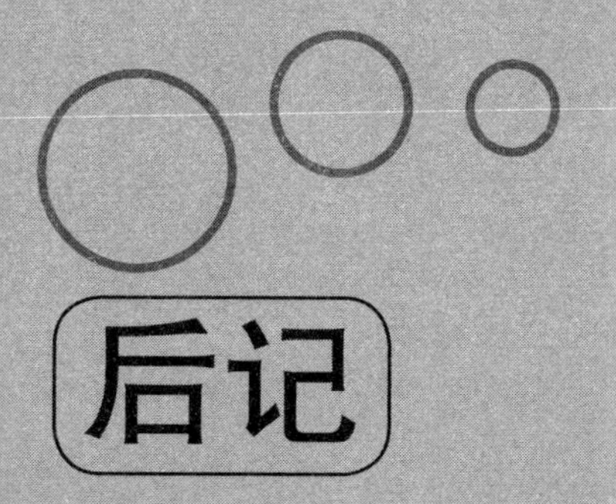

后记

2018年，是中国家装行业真正意义上的洗牌年。2015年，互联网家装横空出世的时候，当时行业流行这样的数据，说中国家装行业有15万家装企业。我相信，3年下来了，这个数字可能少了2万家或者3万家。2019年，行业竞争更加激烈！可能未来3年，还会有3万到5万家装企看不到2021年的太阳。

未来，中国家装行业，注定要出现年产值过百亿元，甚至过千亿元的企业。未来中国领军装企，一定是客户满意度比较高的企业。我不确定，目前当下盛行的整装模式，就一定会一统江湖。我相信，一定有只做半包，一定有小而美的企业生存很好。有幸见证和亲历行业大转折、大变革，参与其中，用微薄之力推进行业发展，我矢志不渝。

衷心祝愿各位装企老板、各位行业同人，与时俱进，拥抱变化，在企业每个发展阶段，都能顺利度过。因为，发展是硬道理！